U0035660

餐桌上的偽科學

「科學的養生保健」站長 林慶順教授——著
Ching-Shwun Lin,PhD

加州大學醫學院教授
破解上百種健康謠言和
深入人心的醫學迷思

THE BAD SCIENCE OF
MEDICAL MYTHS &
NUTRITION RUMORS

前言

養生保健，要依靠科學

寫文和網站創立緣起

十年前，舊金山灣區的中文電視台天天播放一個燕窩廣告。我每天晚餐看著這個廣告，食不下嚥。此廣告說香港某大學教授研究發現該品牌燕窩比其他品牌含有更高量的表皮生長因子（Epidermal Growth Factor，EGF），而美國某博士因發現 EGF 拿到諾貝爾獎。因此，該品牌燕窩具有最好的養顏功效。可是，EGF 是一種蛋白質，一旦吃進肚子就會被分解成氨基酸而失去功效。所以，在忍無可忍之下，只好去找到這位香港教授的電郵地址，然後跟他抱怨這個廣告的荒唐可笑。從此，這個廣告就再沒出現過。可是呢，您會在乎 EGF 嗎？可能是第一次聽到吧。那，如果是換作膠原蛋白呢？一定聽過吧。大概都吃過吧。那，膠原蛋白吃進肚子後，就會躲開消化，穿過腸壁，鑽進皮膚？

三年前，我從加州大學退休。原以為從此可以「重操舊業」彈琴唱歌。哪想到「交友不慎」，被哄著在隔年創設了一個說是能幫助鄉親排疑解惑的網站。我把這個網站叫做「科學的養生保健」，因為我希望它所提供的養生保健資訊都是根據科學。**科學證據的最主要來源就是發表在科學期刊的論文。因為科學論文的發表，除了要有充足的實驗數據之外，還必須通過同僚評審（peer-review），所以它的可信度是比其他資訊來得高。科學證據也可以是來自世界衛生組織、政府衛生單位、醫學協會，或有信譽的醫療機構。反過來說，任何個人言論，縱然是出自所謂的名醫，都不能算是科學證據。事實上，縱然是科學證據，也還是有強弱新舊之分。所以，如何劃分釐清，還是得靠經驗。**

三十五年前，我拿到博士學位。隔年，我做了一件很少人做得到的事，那就是，在完全沒有指導教授或同僚的幫助下，獨立發表了研究生涯的第一篇科學論文。行內人應該都知道，一個菜鳥博士的第一篇論文通常（一定）是由指導教授主導，甚至撰寫。但是，我的指導教授卻是叫我自己寫自己發表，所以，在徬徨無助，掙扎摸索了幾個月後，我終於獨自發表了研究生涯的第一篇論文。而這樣刻骨銘心的經驗，可以說是深深地影響了我之後的研究與寫作。

在此後三十多年的研究生涯裡我發表了近兩百篇論文，而其中約半數是我親自撰寫親自發表。而與此同時，各個領域的醫學期刊陸陸續續地來找我做評審，包括神經科、心臟科、泌尿科、胃腸科、婦產科、腫瘤科等等。在最高峰期（2013 年前後）我擔任評審的期刊多達六十幾家，包括世界排名第一的《新英格蘭醫學期刊》。

要發表一篇高水平的論文，一定要參考大量文獻。如此，才能引經據典，言之有理。要審核一篇論文，也一樣要參考大量文獻。如此，才能公正判斷，令人折服。筆者不論是在論文的發表，或是在論文的評審，都有豐富的經驗，而這也就是為何「科學的養生保健」是真槍實彈，如假包換的科學養生保健資訊網。在每一篇文章裡，我都會提供參考資料的來源，以佐證我所說的每一句話。我也會讓讀者知道，哪些話是科學證據，哪些話是是個人意見。讀者如果對我的舉證或言論有任何疑問，歡迎來函，我一定會據實回答，絕不規避。

「科學的養生保健」是創立於 2016 年 3 月 18 日，目前（2018 年 10 月 19 日）已發表文章四百六十篇。讀者主要（八、九成）是來自台灣，其次是香港。台灣有三家媒體用我的名義設立專欄來轉載本網站的文章，分別是「元氣網」、「早安健康」及「食力傳媒」。香港的「癌症資訊網」也是以此模式來轉載本網站的文章。另外，還有數家媒體不定期地轉載本網站的文章，包括美國的《世界日報》、台灣的「泛科學」網站、《人間福報》、「健康雲」以及《今周刊》。這些媒體都是經由我授權才轉載，另外還有數不清的媒體未經我授權就轉載（大多變成是他們的作品），其他如八大電視台和TVBS 新聞也有引用報導我發表的文章。基於傳遞正確養生保健知識的理念，我不會追究。

破解流傳的偽科學

本書的書名之所以會叫做《餐桌上的偽科學》，是因為絕大多數的文章是為了回應讀者的提問而寫，而絕大多數的提問是關於某種保健品是不是真的有效，某種食物是不是真的可以預防這個治療那個，或是加強這個降低那個。這麼多吃的問題，究其原因，主要是因為網路上琳瑯滿目的保健品營養素，說是能補這個顧那個。再加上人手一機，猛點瘋傳，好康鬥相報。但是，套句英文俗語 “Too good to be true”，聽起來太好的東西往往都是假的。那，這些「太好的東西」到底是為何而來，為何而去？下面我就舉幾個例子來說明。

1.**「錢在銀行，人在天堂」**。很多鄉親父老都是如此地感嘆歲月不饒人。回頭看那幾十年辛苦打拼的日子，總覺得如此的不值。如果再不好好享受人生，照顧身體，縱然是上了天堂也還是會心有不甘。但是，怎麼照顧？有機的比較貴？唉呀！有啥關係，是命重要還是錢重要？ABCDE 維他命、鎂鋅鈣銅鐵礦物質、葉黃素、蝦青素、茄紅素……管它什麼素，只要顏色漂亮就好。這就是所謂的顧好身子。但是，有沒有想過，台灣為什麼會被「譽」為洗腎王國？這還不打緊，看到什麼神仙不老藥，聽到什麼補腎顧精丸，就趕快傳出去，以顯示自己博學多聞神通廣大。這就是所謂的好康鬥相報。

研發治療用的藥品是需要花大量資金和時間，而且絕大多數是一敗塗地血本無歸。所以，很多所謂的生技公司往往就會走門檻較低，不需證明療效的保健品路線。正巧，這幾年又碰上嬰兒潮升格成為老兒潮，所以怨嘆「錢在銀行，人在天堂」的人是多如過江之鯽。這下子，一個愛打，一個願挨，保健品和老兒潮之間就形成了這麼個完美的風暴。可是，保健品既然是門檻低，產品當然也就多，而競爭當然也就格外激烈。所以，想要賺錢就得耍手段搞花樣，例如請名嘴醫生代言，把明明毫無療效的東西，說得是藥到病除，一錠搞定。政府部門又樂得睜一隻眼閉一隻眼，反正既能創造就業機會，又可增加稅收，何樂而不為。這就是為什麼家家戶戶的餐桌上都會擺滿一盤又一篇的偽科學。

2.**「相關性≠因果性」。**說句良心話，並不是所有的保健品廣告（代言）都是偽科學。只不過，當真科學被錯誤解讀時，就有可能會變成偽科學。**例如，有研究發現，大腸癌病人的維他命D水平偏低。這是真科學。但是當它被解讀成「吃維他命D補充劑可以降低大腸癌風險」，就變成了偽科學。**因為，「維他命D濃度較低」與「大腸癌風險較高」，只是「相關性」（兩者同時並存），而不是「因果性」（「前者造成後者」或「後者造成前者」），更不是「吃維他命D補充劑」就會「降低大腸癌風險」。事實上，「維他命D濃度較低」有可能是因為病人患了大腸癌（或其他任何癌）的關係。也就是說，是癌症導致病人無法攝取或合成足夠的維他命D。所以，在這種情況下，醫生應該是要幫助病人恢復攝取或合成維他命D的能力，而不是叫病人吃維他命D補充劑。如果是盲目地相信吃維他命D補充劑就能改善病情，那就有可能會錯過治療的黃金時間，造成終身遺憾。

3.**「點擊率＝錢」。**谷歌之所以會成為世界第三大公司（僅次於蘋果及亞馬遜），靠的就是點擊率。有點擊，就有廣告，有廣告，就有收入。就是這樣的商業模式，才會讓「內容農場」如雨後春筍般，一家又一家出現。它們專門以聳動的標題及不實的內容來欺騙網友點擊。更有甚者，它們會讓保健品公司用化名來發表看似科學，但實為廣告的文章。如此，保健品就可以堂而皇之地聲稱有療效、有諾貝爾獎得主推薦等等假新聞偽科學。一旦有人上鉤，農場就賺一筆，公司也賺一筆，而有人就賠了兩筆。

4.**「天然就是好？」**。很多人真的是這樣認為，而很多所謂的另類醫學或自然療法，就應運而生。可是，您有沒有想過，一大堆天然的東西其實是其毒無比。例如死神菌，保證是天然，但也保證是死神的禮物。反過來說，維他命片可說是一點都不天然，但是為什麼您偏偏又大罐小罐地買，大瓶小瓶地吃？這不是很矛盾嗎？還有，當您自己或您的至親被診斷出得癌症時，您是會選擇化療、電療、手術，還是自然療法？很多人會選擇自然療法，因為他們相信只要喝喝果汁，吃吃草藥，就可以輕鬆搞定。就連世界公認的天才賈伯斯都是這樣認為。只不過，到頭來，臨走前，也只能悔不當初。

上面這幾個例子，只是將網路上五花八門的養生保健資訊做個籠統的介紹。真正的情況絕對是更加精彩有趣。所以，就請您開始享用這一桌山珍海味。

補充說明：若讀者有關於本書中提到之外的健康疑問，也可以到我的網站「科學的養生保健」中，利用右上角的關鍵字搜尋來尋找文章。若是之前沒有出現過的問題，也可以透過網站左上方的「與我聯繫」寫信給我，我會盡快查證之後回覆。

目錄
contents

Part 2
補充劑的駭人真相

Part 3
重大疾病謠言釋疑

目錄
contents

Part 1
好食材，壞食材

椰子油、雞蛋、牛奶、代糖、有機食品、基改食物……
各種食材有好有壞的傳言滿天飛，哪些是真哪些是假？

椰子油，從來就沒健康過

椰子油、失智症、阿茲海默、老人失憶、苦茶油

2017 年 5 月，我的網站「科學的養生保健」，收到一封讀者 Sherry Wang 的來信，她說：教授您好，網上流傳許多椰子油的好處，如預防阿茲海默症和降低心血管疾病等等，可否告訴我們，椰子油真有這麼多好處嗎？另外，我們家最近都在用苦茶油，但是那個味道我實在受不了，也想瞭解苦茶油真的是好油嗎？謝謝。

椰子油由黑翻紅，是因為行銷操弄

其實，「椰子油好處多」是近十幾年來才出現的說法。在這之前，椰子油在先進國家（尤其是美國），是眾所皆知的「不健康」食用油（由於其高飽和脂肪）。那，為什麼會有如此一個大轉變呢？答案很簡單：網路。

椰子油含有 92% 的飽和脂肪酸，所以醫學界一向認為它會增加心血管疾病的風險。而食用油工業（以黃豆油為主），也一直以此為由打壓椰子油。但是，網路的興起改變了這一切。黃豆油是不可能有網路商機的（這是一種大眾食品，就好像白米和麵粉一樣）。椰子油則可以透過精美的包裝，成為適合網路行銷的養身保健食品及美容保養品。而行銷的關鍵手法就是「洗腦」，即在網路上鋪天蓋地地散播椰子油對健康的好處。如此，製造商賺，交易商賺，自然療師賺，部落客也賺（但總要有人賠，那就是單純的消費者）。

只不過，椰子油真的是好處多多嗎？我查閱過所有支持的資料，所謂的證據，不是一廂情願，就是似是而非、模稜兩可或是思想大躍進。也就是說，這些吹牛的文章看看就好，不要信以為真。

椰子油與阿茲海默症關聯尚未證實

舉例來說，這幾年不斷有讀者寄給我關於椰子油能預防和治療阿茲海默症（又稱老人失智、老人失憶、老年癡呆）的網路文章，其實就科學研究而言，是有幾篇論文支持椰子油可改善阿茲海默症。但它們都是發表在低水平的醫學期刊，可信度不高。反過來說，我查閱了美國、英國和加拿大的阿茲海默協會的網站，都奉勸大家不要輕易相信。有興趣的人可以自行瀏覽它們的官方網站[1]。**2017 年英國的阿茲海默協會最新的內容，甚至表示椰子油可能會加劇阿茲海默症。結論是，就科學證據而言，椰子油治阿茲海默症是尚未獲得證實的。**

如果椰子油對身體無益，那椰子油對身體有害嗎？沒錯，幾乎所有的醫學證據和正統的醫療機構及組織都是這麼說。但它們也會補充說明，少量攝取不會有問題。至於苦茶油的相關研究與椰子油相比，就顯得微不足道。目前，有關苦茶油對健康有益的說法，都只是基於營養成分做出來的推理，並非臨床試驗。所以，沒有人真正知道苦茶油是否對健康有益。不過，就營養成分而言，它應當不會輸給橄欖油，至於味道是見仁見智。

心臟協會呼籲：椰子油不健康

2017 年 6 月，英國廣播公司（BBC）的新聞標題是「椰子油跟牛脂肪和奶油一樣不健康」[2]。同一天，《今日美國》（USA Today）的新聞標題是「椰子油不健康。它從來就沒健康過」[3]。

這些新聞報導的出現，是因為此前一天，權威的心血管醫學期刊《循環》（Circulation）刊載了一篇論文，其標題為〈膳食脂肪和心血管疾病：美國心臟協會會長的建言〉[4]。

這篇論文是應美國心臟協會會長的邀請，由十二位心血管及營養專家共同撰寫。如標題所示，論文是涵蓋所有常用的膳食脂肪，並非只是椰子油。但是，由於有關椰子油的討論最醒目，也最「顛覆」，所以引起了媒體的注目。下面是我將這篇論文裡有關椰子油的討論，所做的重點翻譯：

最近的一項調查報告顯示，美國公眾中有72%將椰子油評為健康食品，而營養學家則是37%。這樣的脫節主要歸功於椰子油在大眾媒體的行銷。

最近一項系統性的評估發現，在所有七個有對照組的臨床試驗裡，椰子油都提高了低密度膽固醇，其中六個是顯著提高。作者還指出，椰子油和其他高飽和脂肪，如奶油、牛脂肪或棕櫚油，對提高低密度膽固醇沒有差異。

因為椰子油會增加低密度膽固醇，導致心血管疾病，而且沒有已知，可以抵消的有利作用，我們建議不要使用椰子油。

請注意第一段裡的「這樣的脫節主要歸功於椰子油在大眾媒體的行銷」。我在這篇論文刊出之前的一個月，就在我的網站中寫過：「椰子油可以透過精美的包裝，成為適合網路行銷的養身保健食品及化妝品，而行銷的關鍵手法就是洗腦」，可以說與這篇論文的觀點不謀而合。

事實上，對於「椰子油好處多多」的質疑，我在短短的一年多連續發表三篇文章，勸誡讀者不要輕易相信。現在既然有公認的專家們提出來，也算是不枉費我的苦口婆心。但話又說回來，我和專家們的警告有用嗎？一般大眾對這個新聞報導的反應是罵翻天。他們罵專家們是拿了黃豆油工業的好處，是為了在職業上多賺些錢等等。大眾如此的情緒化，罔顧科學而只相信願意相信的，實在是一個難解的結。所以，這次這個警告能改變多少人的想法，實在是不容樂觀。

有關食用油的選擇，所有正規醫學機構都是建議盡量使用植物性的，而避開動物性的。像大豆油、玉米油及芥菜籽油這類大宗油品，是最適合用於煎炒炸，而比較嬌貴（不耐高溫）的橄欖油則適合用於涼拌沾醬。至於椰子油、棕櫚油、豬油、奶油等等含較高飽和脂肪酸的油，我的建議是，無需忌諱（即偶爾少量），但不要一窩

蜂地刻意追求。

其實，不論是椰子油、苦茶油或是任何食物，我給讀者的建議都是上面這句：不要一窩蜂。沒有任何食物會好到讓你長生不老，也沒有任何營養素，會了不起到讓你百病不侵。尤其在這個網路戰國時代，為了錢誇大很正常，造假也不為過。凡事適量有益，過量有害，「適量」是由多重因素決定。

椰子油是十足毒藥？

「哈佛教授稱椰子油是十足毒藥」[5]是一篇中央社 2018 年 8 月發佈的新聞，發表之後迅速傳遍全球。為什麼會如此風靡？道理很簡單：近年來網路上鋪天蓋地宣傳椰子油的好處，尤其是什麼防止阿茲海默症、防止骨質疏鬆，甚至預防心臟病等等，把椰子油說成是無所不防無所不治的神油。而如今，世界頂尖大學的教授反而說椰子油是毒藥，那當然就是一顆超級的核子震撼彈。

但是，椰子油真的是毒藥嗎？非洲迦納大學（University of Ghana）的教授及研究人員在 2016 年發表了綜述論文〈椰子油和棕櫚油的營養角色〉[6]，文中指出一個「很有趣」的現象，即椰子油使用量與心臟病死亡率成反比，我將相關的段落翻譯如下：

在斯里蘭卡，幾千年來椰子一直是膳食脂肪的主要來源。1978年的人均椰子消費量是相當於每年一百二十顆椰子。那個時候，這個國家是世界上心臟病發病率最低的國家之一。每十萬個死亡案例中只有一人是死於心臟病，而在美國，人們很少食用椰子油，但心臟病死亡率卻至少高出兩百八十倍。由於「反飽和脂肪」運動，斯里蘭卡的椰子消費量自 1978 年以來一直在下降。到 1991 年，人均消費量已下降至每年九十顆椰子，並且持續下降。人們開始吃更多的玉米油和其他多不飽和植物油代替椰子油。而隨著椰子消費的減少，斯里蘭卡的心臟發病率卻逐漸上升。這種斯里蘭卡現象很可能在西非的許多發展中國家也在發生。

從上面這段文章就可看出，椰子油與心臟病之間的關係，並非如那位哈佛教授所說的，一定是「因與果」。事實上，在 2018 年 3 月，劍橋大學的一個研究團隊發表了一篇臨床研究報告[7]。我將它的結論翻譯如下：

與橄欖油相比，主要是飽和脂肪的兩種不同膳食脂肪（奶油和椰子油）似乎對血脂具有不同的作用。就對 LDL（壞膽固醇）的影響而言，椰子油是比較像橄欖油。不同膳食脂肪對脂質特徵，代謝標誌物和健康結果的影響可能不同。這些不同，不僅需要根據其主要成分脂肪酸的飽和或不飽和的一般分類，也可能需要根據個體脂肪酸的不同特徵，加工方法以及它們的消費或飲食模式。 這些研究結果並未改變目前對於減少飽和脂肪攝入量的建議，但強調需要進一步闡明不同膳食脂肪與健康之間更細微的關係。

從這個結論就可看出，雖然椰子油和奶油都是飽和脂肪，但是，就對心血管疾病的標誌物而言，椰子油卻比較類似橄欖油。而這也意味著，脂肪對健康的影響，不可以單純地以飽和或不飽和來區分。所以，這又再度指出，椰子油對健康的影響，仍然是妾身未明。

看到這裡，讀者可能會一頭霧水。怎麼我前面說椰子油的壞話，但卻在後面說椰子油的好話。沒錯，我是故意的，當大家瘋著說椰子油有多好時，我就要拉一把；當大家瘋著說椰子油有多壞時，我也要拉一把。用意是希望讀者不會不明就裡地踏入有心人士設下的圈套。

經常看我文章的讀者就會知道，我一向主張均衡飲食和有恆運動，並一再勸導別一窩蜂地相信某某食物或營養品（包括維他命片）會防這個治那個。我也一再提醒要小心任何顛覆性的言論，「椰子油是十足毒藥」就是嘩眾取寵的顛覆性言論。

林教授的科學養生筆記

- 不健康的椰子油在近十幾年來搖身變為健康好油，是因為網路包裝和大眾媒體的行銷
- 就科學證據而言，椰子油治阿茲海默症尚未獲得證實
- 幾乎所有的醫學證據和正統的醫療機構及組織都說椰子油對身體有害，但少量攝取不會有問題
- 食用油的選擇，所有正規醫學機構都是建議盡量使用植物性的，避開動物性的

茶的謠言，一次說清

#便秘、貧血、鈣質鐵質吸收、鉛氟過量、農藥

有關茶對健康的好處，已經有相當多的研究報告。在一篇 2014 年發表的〈茶與健康：一份關於現狀的報告〉[1] 綜述論文裡，就有指出茶可以減肥瘦身，也可以降低心血管疾病、退化性神經疾病以及癌的風險。

但是，關於喝茶壞處的謠言，在網路上倒是從來沒有消停過。所以我會在這篇文章裡將喝茶的一些迷思做個整理，並一一破解。

它們分別是：喝茶是否導致便秘、缺鈣、和貧血，茶是否可以算入每日的水分攝取量、是否該擔心攝取過多茶葉中的鉛和氟，以及農藥殘留的問題。

喝茶也算在每日的水分攝取量

2017 年 5 月看到一則電視新聞，裡面所提供的健康資訊，從頭到尾無一正確。而其主要原因就是聽信營養師，沒有自己做功課查證來源是否可靠。這則新聞的標題是「每天須喝水兩千毫升，咖啡和茶不算」[2]。內容的重點拷貝如下：

很多人不愛喝水，就會用茶或是氣泡水這類的飲料來代替，但是你知道嗎？這些通通不能算在每天需要補充兩千毫升的攝取量裡面！像是如果用茶當水喝，有可能會導致便秘，更會影響鈣質跟鐵質的吸收，久了還可能導致貧血！茶裡面的咖啡因會降低鈣質吸收，單寧酸則是會影響鐵質吸收，長期當水喝還可能會造成便秘，要喝茶可以，六百毫升就足夠，當然像是咖啡、可樂，也不能列入每日兩千毫升的水分攝取量裡。

首先，有關「茶、咖啡、可樂，不能列入每日的水分攝取量裡」，讓我們看看美國信譽卓著的梅友診所（Mayo Clinic）怎麼講[3]。原文翻譯如下：「每天喝八杯八盎司水（240 毫升）」應該重新定義為「每天喝八杯八盎司液體」，因為所有的液體都應當計入每日總量。諸如牛奶、果汁、啤酒、葡萄酒和含咖啡因的飲料，如咖啡、茶或蘇打水也都算數。

還有，美國最大的醫療資訊網站 WebMD 這麼說：「咖啡和茶也算在每天總數。許多人過去相信咖啡和茶會造成脫水，但這個迷思已被推翻。」[4] 再來，美國國家科學、工程和醫學研究所也這樣講：「我們沒有制訂每日水攝取量的確切要求，但建議從任何飲料及食品，每天攝取約二點七公升（女）或三點七公升（男）。」[5]

總之，「茶不可以列入水分攝取量」是錯的，而喝茶也絕對不會引起便秘或貧血。這些營養師應當花點功夫看醫學報告，而不是只會道聽途說。

喝茶不會引起便秘和影響鈣、鐵吸收

2016 年 8 月，網路上開始流傳一篇文章，標題是「長期喝茶當喝水，當心引爆三大健康危機」。這篇文章不是謠言，而是出自「華人健康網」網站，所以更需要盡快澄清。此文說，營養師程某某表示，長期把濃茶當開水長期飲用，可能會導致以下三種狀況：便祕、降低鈣質吸收和影響鐵質吸收。

真的嗎？首先關於便祕，文章說：「根據1981年的《英國醫藥期刊》(British Medical Journal)一篇研究〈消費茶葉：便秘的原因？〉(Tea Consumption: a cause of constipation?)指出，過量的茶鹼則會引起細胞外液脫水，增加腎絲球過濾率和降低腎小管的再吸收，最終導致便祕的問題。」

事實上，這篇1981年的研究做的是一個非常粗淺的實驗。也就因為太粗淺，作者才會在文章的標題加個問號，意思就是「不確定」。這個研究，除了作者給自己打了個問號之外，也立刻引來批評，指其實驗方法錯誤[6]。還有，1981是三十幾年前的事情了。三十幾年來，再也沒出現過任何相關的研究報告。也就是說，「喝茶引發便祕」頂多只是一個三十幾年前的假設，而此一假設從未被證實，也從沒得到醫學界的認同。

再來，關於「降低鈣質吸收」，文章說「咖啡因會降低鈣質的吸收……」，可是，這跟「喝茶會降低鈣質的吸收」是一樣嗎？如果咖啡因真是會降低鈣質吸收，那你是不是更不應該喝咖啡？事實上，關於喝茶是否會降低鈣質的吸收，目前只有兩篇研究報告。一篇發表於2012年的研究發現，喝茶完全不影響鈣質的吸收[7]。另一篇發表於2013年的研究（用老鼠模型）發現，茶可能可以幫助停經後的婦女吸收鈣[8]。所以，喝茶不但不會降低鈣質的吸收，甚至還可能會促進鈣質的吸收。

另外，關於「影響鐵質吸收」，文章說：「茶中過量的單寧酸會降低小腸的分泌物、抑制腸道的蠕動，也會影響鐵質的吸收……」。此一說法是源自於早期的研究（1975 及 1979 年）。而其結論是，用餐時喝茶，會影響吸收植物來源的鐵，但不影響吸收動物來源的鐵。事實上，近期的研究都不認為喝茶會影響鐵質的吸收。請看下面這三篇論文的標題和結論：

1. 1990 年發表的〈綠茶對於缺鐵性貧血老年病患鐵質吸收的影響〉[9]，結論：沒有看到綠茶對鐵的吸收有抑制作用。

2. 2007 年發表的〈飲用紅茶、綠茶及花草茶與法國成人的鐵質狀態〉[10]，結論：數據顯示，正常健康的成年人，無論飲用任何種類的茶，都沒有失去鐵質的風險。

3. 2009 年發表的〈綠茶不會抑制鐵的吸收〉[11]。

所以，近期的研究都不同意喝茶會影響鐵質吸收。綜上所述，這篇網路文章所言，不論是有關便秘還是鈣或鐵的吸收，皆不可信。

喝茶會導致鉛、氟過量？

曾有讀者寫信問我關於喝茶是否會導致攝取過多氟和鉛的問題。所以，我根據發表可信度較高的國際醫學期刊的研究報告，做出了以下的調查和結論。

有關鉛的研究可以分成完全相反的兩大類：一種是喝茶可能造成鉛中毒，二是喝茶可能防止鉛中毒。由於茶樹會吸收土壤裡的各種元素，包括有害健康的鉛，所以茶葉裡的含鉛量一直受到關注。但是，地區、季節和茶樹種類都會影響茶葉的含鉛量。所以，有些研究發出警告，有些則認為安全。例如，一篇 2008 年美國國家醫學圖書館（National Library of Medicine，NLM）上的研究論文[12]，就認為台灣茶葉的含鉛量是在安全範圍內。

由於喝茶可能防止鉛中毒的資訊較少被媒體報導，所以我特別將這方面的研究放在書後附註。至於浸泡時間較長是否會導致釋放較多的鉛，答案是肯定的。但是，目前並沒有熱泡和冷泡之間比較的研究。

有關茶葉的氟含量是否安全，絕大部分研究是表示擔心。但是，根據一篇 2016 年發表的研究論文[13]，中國的綠茶、黑茶、白茶、普洱茶、烏龍茶，都在安全範圍之內。還有，根據一篇 2012 年發表的研究論文[14]，在同樣的時間裡，熱泡是比冷泡會釋放較多的氟。但是，由於製作冷泡茶所需時間較長（數小時），所以飲用時，冷泡茶的氟含量也不見得就會比熱泡茶來得低。

綜上所述，一、茶葉裡的鉛含量也許是值得擔憂，但根據動物實驗，喝茶卻是可以降低鉛中毒風險。二、茶葉裡的氟含量也可能是值得擔憂。三、目前並沒有證據顯示冷泡茶的鉛含量或氟含量比熱泡茶低。

請特別注意，有關鉛或氟的擔憂，純粹是基於成分的分析，而非人的試驗或調查。也就是說，**目前沒有任何證據顯示有人因為喝茶而鉛中毒或氟中毒。更重要的是，在人的試驗及調查顯示，喝茶有益健康。也就是說，喝茶有益是確定的，喝茶有害則是不確定的。**

茶葉的農藥殘留問題

最後，來談一談很多人關心的茶葉農藥殘留問題，因為網路上關於農藥殘留的中英文章多如牛毛，而且絕大多數是負面的。有些文章甚至還說喝茶就等於喝農藥。真的有這麼嚴重嗎？

首先讀者必須認清，所有大量種植的農作物，包括標榜有機的，都會有農藥殘留。但政府農業部門對每一種農藥的使用都有控管，所以在正常情況下，殘留的量是不足以危害健康的。也就是說，只有在不正常的情況下，例如意外或非法不當使用，農藥殘留才會成為問題。

再來，用「茶及農藥」（insecticide, herbicide, fungicide）作為關鍵字，在公共醫學圖書館搜索，只能搜到幾十篇農藥檢測方法的論文。也就是說，沒有任何醫學文獻談及茶葉農藥對健康的影響。所以，要探討這個問題，就只能參考兩岸政府文件及專家意見了。

㈠台灣農委會文件

台灣農委會底下的「茶葉改良場」發布一份茶葉食安問答集，其中有兩個項目是與農藥相關[15]。重點整理如下：網路謠言「不喝第一泡茶」實與農藥無關。茶園中防治病害係採安全性高及水溶性低的藥劑。低水溶性藥劑的殘留量很小，通常無法測出。全臺有多間機構進行茶葉農藥殘留檢驗，可至該網站查詢認可實驗室名錄[16]。

㈡台北市政府文件

臺北市政府衛生局在 2018 年 5 月公布茶葉及花草茶抽驗結果：該局在今年 4 月到超市、賣場、茶行、飲料店等處抽驗茶葉及花草茶殘留農藥，共抽驗八十件產品（包含七十件茶葉及十件花草茶），結果二件產品不符規定，不合格率 2.5%[17]。

㈢香港政府文件

香港政府的「食物安全中心」說明，由於媒體報導在台灣販賣的數種茶葉被檢出農藥殘留量超標，所以該中心啟動對台灣進口茶葉之控管及檢驗。從 2015 年 4 月 21 日到 2018 年 7 月 4 日，該中心共檢查了三百六十一個台灣茶葉樣本，結果只檢出其中一個超標[18]。

㈣專家意見

中國的「光明網」在 2017 年發表陳宗懋院士談「茶葉農殘」：殘留≠超標。陳宗懋是中國茶葉學會名譽理事長和國際茶葉協會副主席。他也是茶界唯一的中國工程院院士。我把他談話的重點整理如下[19]：「中國或甚至世界範圍內的茶葉種植，完全不用農藥的，僅占 2%到 3%。農藥殘留是正常的，只要不超過限定標準對人身體是沒有危害的。目前中國只有 2%左右的農殘超標情況。不只是茶葉，任何農作物都可能會有農殘超標的情況。高海拔地區氣溫較低，病蟲害較少，所以用藥較少，殘留也較低。春天氣溫較低，病蟲害也較少，所以春茶基本上不會用農藥。普通消費者基本上是無法辨別農殘超標的茶葉。」

雖然上面說「普通消費者基本上是無法辨別農殘超標的茶葉」，但是，《鏡周刊》在 2017 年 8 月 18 日，發表「茶葉有農藥殘留怎麼辦？專家教解毒法」[20]。其中有這麼一段：除了出書聊茶，李啟彰也開講座教民眾試茶，他說：「農藥超標的茶一喝到，體感會呈現三階段反應。第一，飲入後，立即呈現鎖喉感。第二，舌頭上、喉嚨下與胸腔會呈現刺麻的體感，有些人則會心跳加速或不規則亂跳。過幾分鐘後，開始頭暈與頭皮發麻。」請問，您喝茶有出現過這些症狀嗎，既然沒有，還擔什麼心？

林教授的科學養生筆記

- 喝茶可以減肥瘦身，也可以降低心血管疾病、退化性神經疾病以及癌的風險
- 所有的液體都應當計入每日水分攝取總數，如牛奶、果汁、啤酒、葡萄酒和含咖啡因的飲料，如咖啡、茶或蘇打水
- 喝茶不會引起便秘或貧血，也不會影響鈣或鐵質的吸收
- 喝茶有益是確定的，喝茶有害則是不確定的
- 茶葉的農藥殘留超標情形，近年在台灣或中國被抽檢出的比例都很低（3% 以下），所以毋須擔心

雞蛋，有好有壞

#雞蛋、心臟病、膽鹼、膽固醇

2016年底，我看到一位很受追捧的自然療師的演講影片，他說：每天吃三個雞蛋很健康。無獨有偶，網路上也流傳一篇鼓勵吃雞蛋的文章，其中列舉了「一定要吃雞蛋的十個理由」，最讓我覺得最荒謬的一點是「預防心臟病」，它的解釋是這樣：「中國農業大學食品學院副教授范志紅說，蛋黃中的脂肪以單不飽和脂肪酸為主，其中一半以上正是橄欖油當中的主要成分油酸，對預防心臟病有益。」

蛋黃像橄欖油？事實上，蛋黃的脂肪成分非常近似豬油，而非橄欖油。證據可參考以下成分表：蛋黃36%是飽和脂肪酸，44%是單不飽和脂肪酸，16%是多不飽和脂肪酸；豬油39%是飽和脂肪酸，45% 是單不飽和脂肪酸，11% 是多不飽和脂肪酸；橄欖油 14% 是飽和脂肪酸，73% 是單不飽和脂肪酸，11% 是多不飽和脂肪酸。

從上面兩個例子可以看出，有這麼些所謂的養生專家，要嘛就是停留在「膽固醇有害」的迷思，不然就是要驚世駭俗地「顛覆」此一迷思（即反迷思）。那，到底是迷思有理，還是反迷思上道？其實，**有關雞蛋的臨床研究，正反兩派是各據山頭，目前實在無法分辨孰是孰非。但可以肯定的是，雞蛋含有很高量的飽和脂肪酸（近乎豬油）。所以，雞蛋的高膽固醇也許是無害，但它的高飽和脂肪肯定是危險。**

雞蛋是好是壞，正反意見僵持不下

事實上，儘管美國心臟協會和美國農業部已為膽固醇平反，但直到目前，還是陸陸續續地有一些不同意見的論文出現。譬如，科羅拉多大學教授羅伯・艾可（Robert Eckel）寫的〈蛋和之外：膳食膽固醇不再重要了嗎？〉[1]、南澳州大學教授彼得・克利夫頓（Peter Clifton）寫的〈膳食膽固醇是否會影響二型糖尿病患者的心血管疾病風險？〉[2]、芝加哥拉什大學（Rush University）教授金・威廉斯

（Kim Williams）寫的〈2015 飲食指南諮詢委員會關於膳食膽固醇的報告〉[3]，**這些論文一致指出，高膽固醇食物通常也帶有高飽和脂肪（例如雞蛋），因此，還是建議不要攝取過多的高膽固醇食物。**

由此可見，當養生專家說「某某食物膽固醇高，不要吃」，那是他缺乏新知識；而當養生專家說「高膽固醇食物沒關係，放心吃」，那是他要展示他有新知識。只不過，他的新知識有一半是錯的。總之，雖然我們無需懼怕高膽固醇食物，但也不是說就可以放縱，每天狂吃三顆蛋或三份牛排。均衡、多樣、中庸的飲食才是健康的選擇。

前面說到，「吃雞蛋對身體是好還是壞」這個爭議，現在已經不是科學能解決的了。因為每當一篇說雞蛋好的報告出來，馬上會被反吃雞蛋的團體說，研究是由雞蛋工業資助的，不可信。當一篇說雞蛋壞的報告出來，馬上會被鼓勵吃雞蛋的團體說，研究是由反雞蛋團體資助的，不可信。

所以，雞蛋是好是壞，不用再問什麼專家，你自己就是最好的專家。**我所能給的建議，只有兩點：一、適量。二、要吃，就連蛋黃一起吃，因為所有對健康有益的元素，都在那。如果你怕營養過剩，那就少吃，但絕對不要丟棄蛋黃。**

膽鹼補充劑不等於雞蛋

瞭解了雞蛋中的高膽固醇（無須害怕）和高飽和脂肪（肯定危險）對身體的影響，現在來看看雞蛋中另外一種被誤會的物質，膽鹼。起因是 2017 年 4 月時，許多傳統國外主流新聞和知名醫療健康網站對雞蛋的不利報導。例如 4 月 25 號 CBS News 報導「肉和蛋中的營養物質可能在血栓、心臟病發作風險中起作用」[4]。這些報導的湧現，是因為一篇醫學期刊《循環》發表的研究論文，標題是〈由腸道微生物從膳食膽鹼產生的三甲胺 N- 氧化物會促進血栓形成〉[5]。

多年來，雞蛋一直被指責為心臟殺手，原因是認為它所含的高膽固醇，對心臟不利。可近幾年來，偏偏又有人說雞蛋是心臟救世主，原因是這個那個（多重因素）。這次新聞報導裡的「新科壞蛋」，卻是膽鹼（Choline）。這其實有點難想像，因為膽鹼被許多營養學家定位為維他命，是 B 群維他命裡的一分子，是維護健康，包括降低心臟病風險的必需營養素。

那，膽鹼怎麼會從心臟救世主變成心臟殺手呢？在這篇 2017 年 4 月的研究論文裡，克里夫蘭診所的研究人員報導說，膽鹼會被腸道微生物轉化成三甲胺 N- 氧化物（trimethylamine N-oxide，TMAO），而 TMAO 會促進血栓形成，從而增加心臟病風險。膽鹼廣泛存在於各種食物中，但以蛋黃的含量最高，達 8% 到 10%。所以這些新聞報導裡，幾乎都是以醒目的煎蛋做為插圖吸引讀者注意。

只不過，如此對待雞蛋公平嗎？事實上，該研究報告所測試的是膽鹼補充劑，而非雞蛋。我已經說過很多次，**營養素（維他命和礦物質等等），如果是來自補充劑，可能是有害的，但如果是來自食物，只要適量則是有益的。**

所以，儘管研究報告裡所講的是膽鹼補充劑，媒體報導卻硬是要把雞蛋扯進來。但請別誤會，我絕非鼓勵放縱吃雞蛋。我的文章裡一再強調「適量」。只要是適量，譬如一天一個，或是根據個人健康情況及飲食習慣，酌量增減。雞蛋絕不是壞蛋。總之，縱然是主流媒體，而非網路謠言，也還是要七分看三分信。

林教授的科學養生筆記

- 雖然無需懼怕高膽固醇食物，但也不可以放縱，每天吃三個蛋或三份牛排。均衡、多樣、中庸的飲食才是健康的選擇
- 高膽固醇食物通常也帶有高飽和脂肪（例如雞蛋），因此，還是建議不要攝取過多的高膽固醇食物
- 營養素如果來自補充劑，可能是有害的，但如果來自食物，只要適量則是有益的

牛奶致病的真相

#癌症、過敏、乳糖不適、乳品工業、人道

有位朋友希望我能提供關於牛奶是好是壞的科學證據，好為她及鄉親解惑。其實，警告牛奶會得癌的網路文章，多不勝數。也有很多文章說，食用牛奶或奶製品會得其他的病。因為病的種類實在太多了，我們就先從癌症開始。

牛奶與癌症沒有關聯

首先必須聲明，我個人是不喝牛奶的。不是因為怕得癌，只是認為自己從食物中攝取的營養已經足夠了，就不想再用喝的，以免營養過量。所以，牛奶商不可能請我打廣告，而我也沒理由會想說服民眾多喝牛奶。

有關牛奶或奶製品與癌的科學報告有近百篇。而所牽涉的癌症種類很多，包括乳癌、肺癌、胃癌、大腸癌、胰腺癌、膀胱癌、攝護腺癌、腎癌、子宮癌以及卵巢癌。絕大部分的結論是，牛奶或奶製品與癌沒有關聯，或是沒有清晰的關聯。但是有兩個有趣的例外，即食用牛奶或奶製品的多寡，與得大腸癌的風險成反比，但與得攝護腺癌的風險成正比。

請讀者注意，「關聯」與「肇因」是不同的。網路文章最愛把僅僅是有關聯的現象誤說成是有因果關係。譬如說「牛奶致癌」，肯定是錯的，因為沒有任何研究報告說，喝牛奶會致癌。而且事實上，根本就不可能拿人做實驗，來證明喝牛奶會致癌。所以，不管是與大腸癌成反比，還是與攝護腺癌成正比，都只是一種「關聯」。至於這種關聯是不是喝牛奶引起的，永遠不會有答案。

我給讀者的建議是，喝不喝牛奶的選擇，無需根據是否會得癌，因為它的關聯性不明顯。但牛奶可能與其他疾病有關，尤其是過敏。

確定由牛奶引發的疾病：牛奶過敏和乳糖不耐

前面說了絕大多數的科學研究，發現牛奶與癌的關聯性不明顯。至於其他的疾病，有些是確定由牛奶引起的，有些則只是有關聯性，或只是基於揣測。

在確定與牛奶有關的疾病裡，我們東方人最熟悉的應該是「乳糖不耐症」。它的病理是因為患者缺乏乳糖酶，無法在小腸裡分解乳糖。未被消化的乳糖進入大腸後，被微生物發酵產生氣體，而引起腹脹。同時，未被消化的糖分和發酵產物會引起大腸內的滲透壓升高，導致流入大腸的水量增加，從而引起腹瀉。

每十個東方人，有九個是不耐乳糖的。而就算是全球人口，也有六成以上的成年人是不耐乳糖。那麼，既然是世界上多數人具有的特質，把它稱之為疾病，是不是很奇怪？不管是真病還是假病，「乳糖不耐症」很容易避免。所以如果你患這種病，不要怪牛奶，要怪只能怪自己。

另一個確定是牛奶引起的疾病是「牛奶過敏」。這是因為患者對牛奶裡的蛋白質產生免疫反應而引發的病。**牛奶裡有二十五種以上的蛋白質，每一種都是過敏原。更糟糕的是，每一種牛奶過敏原的病理機制都不一樣。所以，儘管統稱為「牛奶過敏」，但嚴格來講，它包括好幾種不同的病。**而也因為如此，儘管這方面的研究非常多，了解卻相對地有限。

台灣有家醫院的網站說，「牛奶過敏」是因為新生兒腸道的防衛系統發育尚不完善，而讓過敏原有機會通過腸壁，進入人體，才會引發免疫系統的過敏反應。但這只是牛奶過敏原的病理機制之一，也無法解釋牛奶過敏在大人是怎麼發生的。事實上，小腸的腸壁會分泌抗體，所以過敏原並不需要通過腸壁，就可引發免疫反應。

儘管「牛奶過敏」主要是發生在幼兒，但大人也有。它的症狀很多，但主要是皮膚紅腫、出疹、肚痛、肚脹、嘔吐、流鼻水及哮喘。最嚴重的情況是休克（血壓遽降、氣管緊縮），然後死亡。

幼兒如對牛奶過敏，就需用母乳或特別配方奶來餵養。大人如對牛奶過敏，就需避免接觸任何乳製品。在美國及歐盟，凡是有牛奶成分的食品，其包裝上都需強制標註。許多網站也有「牛奶過敏原食物表」，供消費者做參考及選擇[1]。

反乳品工業的名人

說牛奶會引起各種疾病的人，不乏教授、醫生及養生名流，其中最具影響力的，莫過於華特．威力（Walter Willett）。他是哈佛大學營養系主任，所以他講有關牛奶的話當然是擲地有聲。他最有名的言論莫過於喝牛奶會增加骨折的發生率。不論是中文或英文媒體都把它當成事實，廣泛傳播。

但真正的事實是，他發表在論文裡的結論是：喝牛奶與骨折的發生率沒有關聯性。不信的話，你可以自己去看他的論文[2]。他也發表另外幾篇論文，說喝牛奶會增加男孩青春痘的發生率、會增加攝護腺癌的發生率、會增加心血管疾病的發生率、會增加初生嬰兒的體重，會延緩婦女停經等等。總之，對他而言，乳品工業就是妖魔鬼怪，消滅這個妖魔鬼怪就是他畢生的志業。

具有同樣心態的人，還有馬克．海曼醫師（Mark Hyman）。他是克利夫蘭診所中心功能醫學主任。他在自己的網站上，發表了好幾篇叫人家不要食用乳製品的文章。譬如「牛奶對你的健康有危害」[3]以及「奶製品：六個你需要全力避開的理由」[4]。

還有另一位是尼爾．柏納德（Neal Barnard）。他是美國的「責任醫療醫師委員會」（Physicians Committee for Responsible Medicine，PCRM）的創辦人。這個團體成立的宗旨就是要禁止用動物做任何事。它反對肉食，反對雞蛋，反對用老鼠做實驗等等。當然，它也極力反對乳品工業。基本上，它就是一個動物保護團體。只不過，它總是誇大肉食（包括雞蛋及牛奶）對健康的危害。有興趣的讀者，可到它的網站瀏覽[5]。

值得注意的是，馬克．海曼及尼爾．柏納德雖然都是醫生，但他們本身並沒有發表過任何研究報告。他們反對乳品工業的言論，主要是依據華特・威力的研究報告，然後把論文裡本來客套的「可能」，說成一定。

另外一個反對乳品工業的重量級人物是約翰・羅賓斯（John Robbins）。他原是 31 冰淇淋（Baskin Robbins）王國的繼承人。但是他不但放棄繼承，而且還反過來極力反對乳品工業。事實上，他是反對肉食，所以他反對整個食品畜牧業。不同於上面所提三位醫生，他沒有說牛奶會致病。

這幾位人士反對乳品工業的原因其實很簡單：飼養乳牛是不人道的。而為了達到消滅乳品工業的目標，他們（約翰・羅賓斯除外）會隱瞞對他們不利的科學資料，誇大對他們有利的科學資料，甚至說謊（譬如，說喝牛奶會增加骨折）。事實上，華特・威力為了推銷他個人的理念，而罔顧科學倫理的行為，早已遭到科學界的批評[6]。

總之，在看過這麼多有關牛奶的資料後，我基本上可以確定，除了「乳糖不耐」和「牛奶過敏」是真的由牛奶引起的，其他的病都是反對乳品工業的人，硬拗出來或誇大其嚴重性。

現在，牛奶致病的真相既然已經大白，我想請讀者思考一個問題：雖然誇大牛奶致病是不對的，但希望解放乳牛的訴求，有錯嗎？如果我們大人都不喝牛奶，是不是就可以大大減少乳牛飼養的數量？

林教授的科學養生筆記

- 目前近百篇關於牛奶或乳製品與癌症的科學報告，絕大部分的結論都是：兩者沒有關聯
- 全球有六成以上的成年人患有乳糖不耐症
- 牛奶裡面有二十五種蛋白質，每一種都是過敏原
- 幼兒如對牛奶過敏，需用母乳或特別配方奶來餵養；大人如對牛奶過敏，就需避免接觸任何乳製品
- 飼養乳牛並不人道，讀者可以多關心解放乳牛的訴求

還味精一個清白

MSG、中國餐館、添加物、麩胺酸鈉、外食

二十多年前，我和內人到一家美國的中式餐館用餐，她喝了幾口酸辣湯，額頭立刻冒出冷汗，也覺得頭有點暈暈的，當下直覺反應就是湯裡有加味精。回家後，她希望我可以對於味精做進一步的科學查證。我上網一查，發現這確實是一個熱門話題，連科學報告也多到讓人難以置信。

怎麼一個已被美國食品藥物管理局（FDA）定位為「一般認為安全」（Generally Recognized As Safe）[1] 的添加物，竟然還有這麼多人能拿到研究經費來做實驗？更令人詫異的是，這些論文的研究動機，幾乎都是因為味精可能對健康有害，譬如糖尿病、血管硬化、肥胖等等。

但我希望讀者不要過度反應，因為絕大多數的研究報告是以老鼠做實驗，其結論不見得適用於人。但有幾篇是用人體做實驗或調查對象的就值得一提。我把它們的重要結論，翻譯列舉如下：

一、食用味精後，沒有檢測到肌肉疼痛或機械性敏感度的變化。但頭痛的報告，及主觀報導骨膜肌肉壓痛，有顯著的增加。與低量味精和安慰劑相比，高量味精會使心臟收縮壓升高[2]。

二、肥胖的婦女需要較高濃度的味精，才能嘗出味道，而且顯著地喜好湯裡有較高濃度的味精[3]。

三、許多研究探討將味精加入食物，來促進老年人和病患的營養。有些正面的效果已被觀察到[4]。這篇是認為，添加味精可以提高老年人的食慾，進而改善他們的營養。所以，是很難得的一篇正面的報告。

看了這麼多報告和討論之後，我的結論，也是我對讀者的建言是：無需恐慌。就如 FDA 所說的，味精在一般情況下，對大多數人是無害的。但是，如果你還是有顧忌，那就繼續地告訴店家別加味精。只不過，請不要像我們當年一樣，未經證實就認定用餐之後的不舒服是因為味精。畢竟，心理作用可以是一個很大的因素[5]。最後，我將台灣食品藥物管理署給的答案節錄如下，給讀者參考：

許多注重健康的外食族到餐館或麵攤點餐時，都會提醒老闆不要加味精，擔心吃味精會有味覺麻痺、頭痛、頸部僵硬等現象，甚至有人傳言吃味精會中毒或是致癌？味精的主要成分是麩胺酸鈉（monosodium glutamate，簡稱 MSG），亦稱為谷氨酸鈉或麩酸鈉，具有獨特的鮮味，屬於調味劑功能的食品添加物。

許多天然食物中都含有麩胺酸鈉，例如番茄、乳酪或乳製品、蘑菇、玉米、青豆、肉類等。味精過去的生產方式是從海藻提取和麵筋水解，現在則以澱粉、糖蜜為原料，以微生物發酵而製成。根據國際麩胺酸鈉資訊服務單位（IGIS）研究，即使料理完全不添加味精，我們每天正常的飲食中大約會攝取到 20 克的麩胺酸鈉。

在動物實驗中，只有在非常高劑量的麩胺酸鈉才會引起急性中毒，但沒有顯著的慢性毒性、致畸胎性或基因毒性，而美國食品藥物管理局於 1995 年公佈食用正常消費量的味精對人體無害，而且無任何證據顯示食用味精和任何慢性疾病有關。

食藥署提醒如為高血壓、心臟病、肝腎臟等疾病的限鈉患者，味精的含鈉量（13%）雖然只有食鹽（39%）的三分之一，烹調用量也比食鹽少，但是仍應遵從醫師指示，減少食鹽與味精的攝食量，避免攝食過量的鈉。

林教授的科學養生筆記

- 味精的主要成分是麩胺酸鈉 (MSG)
- 美國食品藥物管理局於 1995 年公佈食用正常消費量的味精對人體無害，而且無任何證據顯示食用味精和任何慢性疾病有關
- 對於食品添加味精請無需恐慌，就如 FDA 所說的，味精在一般情況下，對大多數人是無害的

代糖對健康有害無益

#糖精、甜菊糖、羅漢果苷、糖尿病、減肥

有幾位朋友因為身體的因素，只喝摻有代糖的飲料。自然他們想知道代糖有害嗎、能幫助減肥嗎，能降低糖尿病風險嗎等等問題。所以這篇文章我將用現有的醫學論文來回答此一問題。

顧名思義，代糖就是代替糖。而代替糖的目的，就是要避免真糖（蔗糖）對健康的負面影響。蔗糖對健康的負面影響基本上有蛀牙和肥胖，以及其所衍生出的許多毛病，如糖尿病、心臟病、癌等等。

蔗糖之所以會引發蛀牙，是因為它提供養分助長口腔細菌。因此，使用不具養分的代糖，的確能降低蛀牙的機率。蔗糖之所以會引發肥胖，是因為它提供熱量助長脂肪細胞。因此，使用不具熱量的「代糖」，應當是可以減少肥胖。

代糖類型近百種

但「應當」是一回事，事實可不見得。代糖的種類繁多（近百種），有低卡路里、有零卡路里、有天然的也有合成的。甜度最高的是愛得萬甜（Advantame）。它是人工合成的零卡路里代糖，甜度是蔗糖的兩萬倍（以同樣重量而言）。

所有代糖裡，最有名也歷史最悠久的是糖精（Saccharin）。它也是人工合成的零卡路里代糖，甜度是蔗糖的三百倍。歷史最悠久也最有名的天然零卡路里代糖，是萃取自甜葉菊葉子的甜菊糖（Stevia）。它比蔗糖甜三百倍，甜味擴散較慢、持續時間較長，但帶有苦澀的餘味。

另一個知名的天然零卡路里代糖是羅漢果苷（Mongroside，英文俗名 Luo Han Guo）。它萃取自羅漢果，甜度是蔗糖的三百倍，但由於萃取不易，較難商業化。除了羅漢果苷外，羅漢果也含有果糖和葡萄糖。而且，由於它具有獨特的風味，是調製中式湯料的絕佳蔗糖替代品。

沒有證據顯示甜味劑或代糖會導致人類癌症

有關代糖是否安全，相信大多數人都聽過糖精致癌的說法。不過，這個說法現在已被推翻，而美國國家癌症研究所更進一步說：沒有證據顯示甜味劑或代糖會導致人類癌症。

除了沒致癌性外，代糖在適量的範圍內，似乎對一般人的健康也沒有其他負面影響。所謂適量，指的是按照每公斤個人體重，每日平均攝入量不超過五十毫克。而由於常用的代糖都有極高的甜度，所以所需用量極小。因此，代糖的攝取，不太可能會有超量的風險。

代糖無法幫助減肥和降低糖尿病

那，代糖真能幫助減肥嗎？這實在是一個很彆扭的問題。既然是零卡路里，當然就能減肥，不是嗎？而早期的研究和調查報告也都說的確如此。但近幾年來風向轉了，就拿一則最近發佈的新聞稿為例，這則新聞稿是由內分泌協會在 2017 年 4 月 3 日發佈的，標題是「低卡糖精提升人類脂肪累積」[1]。內容是一個喬治華盛頓大學的研究團隊在內分泌協會年會上，發表了一份研究報告，結論是代糖會促進肥胖。同樣，在 2017 年 4 月 11 日發表的一項大型調查報告也發現，代糖與肥胖有正向的關聯性[2]。

那代糖能降低糖尿病風險嗎？這個議題已經有相當多的研究，其中最大型的莫過於 2013 年發表的一項調查報告，結論是代糖與二型糖尿病風險有正向的關聯性[3]。另外一篇 2017 年發表的大型的調查報告，也得到同樣的結論[4]。

為什麼代糖不但對控制肥胖及糖尿病無益，反而有害呢？已經有相當多的研究提供可能的病理機制，包括神經性的、腸道性的、肌肉性的等等。我就不再麻煩讀者花腦筋了。

總之，對選擇攝取代糖的朋友們，我只能說抱歉，帶給你的資訊是如此負面。不過我真的希望，負面的資訊可以轉為正面的認知。那就是運動和均衡飲食，才是永恆可靠的健康準則。

林教授的科學養生筆記

· 食用甜味劑或代糖不會導致癌症，但會增加肥胖和二型糖尿病的風險

· 2013 年的大型調查報告表示：代糖與二型糖尿病有正向關聯

· 2017 年的研究報告結論：代糖會促進肥胖

紅肉白肉說分明

#左旋肉鹼、四足動物、血紅素鐵

2018 年 2 月，我看到一篇元氣網的文章，標題是「原來魚類也有紅肉白肉的分別！與牠們的生存環境有關」[1]。但魚類真的有紅肉白肉的分別嗎，與我們的健康又有啥關係？

紅肉是四足動物的肉

我們先來看看「紅肉」的定義是什麼。首先，根據美國農業部發表的〈美國飲食指南〉，「紅肉」是包括所有形式的牛肉、豬肉、羊肉、小牛肉、山羊和非鳥類獸肉（例如鹿肉、野牛和麋鹿）。

再來，有位名叫莫尼卡・賴納格（Monica Reinagel）的美國知名營養師和廚師在 2013 年 1 月發表〈顏色混淆：識別紅肉和白肉〉[2]。

她說：「幾乎所有的飲食研究都將禽肉和魚肉分類為白肉，而將四足動物的肉，如牛肉、豬肉和羊肉，分類為紅肉。」

的確，在我看過的數十篇有關紅肉的研究報告裡，紅肉全都沒有包括禽類或魚類。所以，元氣網那篇文章所說的「魚類有紅肉白肉的分別」，就是賴納格所說的，犯了「顏色混淆」的毛病。

說得明白點，紅肉白肉的分別並非根據顏色的差別，而是根據動物的分類。例如，鴿子肉和鮪魚肉的顏色都很紅，但是由於它們都不是來自四足動物，所以都被分類為白肉。反之，小牛肉和豬肉的顏色雖然都相對地較白，但由於來自四足動物，所以被歸類為紅肉。

為什麼我們需要在乎紅肉白肉的分別？因為根據非常多的研究調查，白肉較健康，而紅肉較不健康。不過我要跟讀者說，紅肉較不健康的原因，目前還沒有確切的答案。

尚未證實白肉較健康

「紅肉、白肉」這個二分法，是營養學家為了方便宣導健康飲食的觀念而創設出來的：白肉健康，紅肉不健康。儘管紅肉常被誤會成「紅色的肉」，但畢竟比「四足動物的肉」或「哺乳類的肉」

來得容易聽，容易懂，容易記。所以，紅肉就成為「四足動物的肉」的代名詞。

至於為何紅肉較不健康，目前有三個最主要的說法：1. 有較多的飽和脂肪：相信大多數人都聽說過飽和脂肪對健康，尤其是心血管有害，所以我就不再贅述。2. 有較多的血紅素鐵：過多的鐵會導致過多自由基和 N- 亞硝基化合物的形成，也會造成促炎細胞因子的激活（間接導致發炎、血管硬化、癌症等等）。 3. 有較多的左旋肉鹼：過多的左旋肉鹼會被大腸裡的細菌分解成三甲胺（trimethylamine），而三甲胺會被肝臟轉化成三甲胺 -N- 氧化物（TMAO）。TMAO 會促進動脈壁斑塊的形成，從而導致動脈硬化和心血管疾病。

但這些說法目前也就只是說法，而不是定理。縱然是研究最多，可信度最高的飽和脂肪理論，也有人在嘲諷。所以，紅肉或是白肉，並不是絕對的好或壞。

林教授的科學養生筆記

- 紅肉白肉的分別並非根據顏色的差別，而是根據動物的分類。紅肉來自四足動物；白肉則是非四足動物
- 紅肉好或白肉好，並不是絕對的。而紅肉較不健康的說法，目前還沒有確切答案

常見的有機迷思

#天然、農夫市集、零化學、農藥

有機食物的風潮，這幾年來越吹越盛行，我相信很多人願意多花點錢買有機食品，是因為認為比較安全或較營養。但，為什麼有機就比較安全或比較營養？很多人的答案可能是：因為它是「天然的」。為什麼天然的就比較安全或比較營養？舉個淺顯易懂的例子就好，你家後院子在大雨過後長出的五彩蘑菇，你敢採來吃嗎？它們可是百分百純天然的！

至於「比較營養」，你一定聽過廣告或飲食節目這麼講，但是你有看過科學報告這麼說嗎？你是相信人云亦云，還是相信科學？我家後院子裡種的蔬菜和果樹是百分之百的有機，但是有機超市或農夫市集的蔬果，真的完全沒有人工化學成分嗎？當你看到美國農業部（USDA）提供的資料，一定會大吃一驚，因為法律允許五十種合成物用在有機農業上。

有機產品也會使用化學合成物

我個人奉行有機理念，但絕不會刻意去市場買「零化學」的蔬果，因為我知道那是自欺欺人。自己種的東西，你不會太在意它是大是小，是扁是圓或是裡面有蟲子。但當你種的東西要用來賺錢養家，那就要保證它大小均勻，色澤鮮豔，而且沒有噁心的蟲子，否則就準備宣告破產。那你真的可以保證種出，百分之百零化學又可在市場上競爭的蔬果嗎？

我們先看看美國農業部 2016 年 3 月發表的法規，有關「允許使用在有機農作生產的合成物」[1]。這個法規裡列舉了約五十種合成物，包括約三十種化學物，有些是用在農具上，有些是用在農作物上。如漂白水可用來清洗灌溉系統，硫酸銅可用在稻田，除草劑可用在道路或溝渠，碳酸銨可用來殺蟲……等等。

讀者看到這裡，是否有種被騙了的感覺？竟然有這麼多化學和合成物質是法律允許可以用在所謂的「有機農業」上的。其實，我絕無意要妖魔化這個法規，相反的，我相信它是許多專家經過多方面的評估和審慎的考量而訂定的。畢竟，大規模的農作生產是不可能不用人工化學的。而這些人工化學，只要適當使用，對消費者是無害的。

農夫市集的誠信問題

除了有機並不等於天然或營養之外，另外一個更實際的問題是，那些你花大錢買到的食材，是真有機嗎？美國的加州農藥管理局（California Department of Pesticide Regulation）在一份發表於 2013 年的調查報告說：83% 在加州農夫市集販售的產品被驗出有殺蟲劑[2]。

隔年，一篇發表在「現代農場」（Modern Farmer）網站，標題為「剷除農夫市集欺詐」[3]的文章，有這麼一段話：「應該是不令人吃驚的，農夫市場偶爾會有欺詐或誤導的行為；小農戶往往資金缺乏，而農夫市場的獲利可以決定（他們整個營運的）成敗。」

2015 年 5 月，舊金山五號電視台的新聞主播伊莉莎白・庫克（Elizabeth Cook）發表一篇文章，標題為「謹防農夫市集的欺騙——他們賣的不是他們種的」[4]，裡面有這麼一段話：「但你怎麼知道自己買到的是從本地農場採摘的，而不是來自中美洲？」

我們再看看所謂的有機店鋪和超市。2015 年 6 月，一個專為小農戶發聲的機構「豐收羊角」（The Cornucopia Institute）發表文章「Whole Foods 超市面對聯邦貿易委員會不當標籤的調查」[5]。其中兩段翻譯如下：

其新的「負責地栽種」產品評級制度，是為了幫助公司維持令其贏得「整張薪水支票」綽號的高價位和利潤。Whole Foods 超市制定了一個分級辦法。在某些情況下，它把傳統的農作物，也就是使用化肥和有毒農藥栽培的農作物，標示為最佳，但卻把有「有機認證」的產品，標示為「未分級」或劣等。

同年 7 月，亞特蘭大二號電視台的消費調查員吉姆·史提克蘭（Jim Strickland）發表「您的『有機』食品未必真的是有機」[6]。內容是講，當地有一店鋪聲稱只賣自己農莊生產的有機農品。但記者暗中調查卻發現，店主人到只賣非有機作物的「州立農夫市場」（State Farmers Market）採購，然後載回他的農莊販售。

從以上幾條報導，讀者應該可以了解，不管是大公司或小農戶，賺錢才是最重要的，而堅持從事誠實的有機農作是不可能賺錢的。再次強調，我絕非反有機。我衷心地希望它能成功。但當競爭對手以有機之名行無機之實，老實的有機農戶怎麼生存？

最後，附上一篇《華盛頓郵報》原文刊登，並由《世界日報》轉載翻譯的報導，這篇文章清楚解釋了有關有機的幾個錯誤觀念，以下節錄給讀者參考：

迷思：如果產品標籤為有機，就代表未接觸過農藥。

事實：只有「100% 有機」的標籤，保證符合農業部的有機定義。產品獲得農業部的有機標籤，代表 95% 的成分是有機，所以 5% 的非有機成分，可能灑過農藥。「以有機成份製造」的標籤，則最少只有 70% 成分是有機。

迷思：有機食品對健康較好

事實：有機食品雖然較少農藥，但是否較營養則是另一問題。美國兒科學會表示，目前沒有直接證據顯示，有機飲食改善健康或降低疾病風險。史丹福大學 2012 年的一項爭議性研究甚至稱，買有機食品以獲取更多營養是在浪費錢。

迷思：有機食品對環境較好

事實：無可置疑，農田沒有農藥對環境較好。但是食品有機不代表其生產和經銷對環境有利。例如來自玻利維亞的有機黑豆、中國的有機稻米或亞美尼亞的有機杏子，運送到美國城鎮的超市，形成的碳足跡遠大於運送當地種植的產品。

迷思：標籤為有機的產品，都接受過檢查，保證純淨

事實：每顆蘋果或每根蘆筍，並未接受有機檢查，裝滿有機加工食品的貨櫃，擺上貨架前也未接受有機檢查。檢查太細不切實際，也沒有效率。實際上，有機產品的檢查往往很表面，充滿矛盾和利益衝突。

迷思：進口有機產品符合美國標準

事實：第三方認證公司很少到國外進行檢查，而是與當地農場簽約，提高詐欺和執法過鬆的可能。不符美國有機標準的產品，也可通過管理鬆散的第三國家運到美國。

林教授的科學養生筆記

- 有機並不等同於天然或營養，而且也會使用化學合成物
- 加州農藥管理局 2013 年的調查報告：83% 在加州農夫市集販售的產品被驗出有殺蟲劑
- 貼上有機標籤的農產品，並未每一份都接受過有機檢查；裝滿有機加工食品的貨櫃，擺上貨架前也未接受有機檢查

蔬果農藥清洗方法

#洗潔劑、有機、清水、殘留

有位好友在看過我發表的有關有機蔬果的文章後，私底下跟我說，既然無法保證買到的是有機的，可否講一講蔬果買回來之後該怎麼清洗或去皮才能去除農藥風險。

好，首先我必須再次強調，並非只要是有機，就沒有農藥殘餘問題。事實上，農藥是被允許用於有機農作。所以，不管是有機還是無機，都有農藥殘餘的可能性。

有科學驗證的蔬果清洗法

再來，網路上教讀者如何清洗蔬果的文章多如牛毛，但絕大多數是自創的，也不知道是根據什麼。所以在這裡，我要提供給讀者的，是來自較可靠的源頭，例如科學研究報告、大學研究單位、政府主管機關、有信譽的民間研究機構等等。

一、科學研究報告

2003 年〈只用清水洗水果或加上 Fit 洗滌劑來減少農藥殘留〉[1]，這項研究主要測試一種叫做 Fit 的蔬果洗滌劑是否真的如廣告所言，清除農藥的效力比水高 98%。結果是，光是用水清洗即可除去 80% 的農藥，所以，當然就沒有東西可以比水還高 98%。在這篇研究報告發表之後，此一蔬果清洗劑就停止生產。但是，一大堆其他品牌立刻傾巢而出。

2007 年〈家用品對於洗去高麗菜農藥殘留的效果〉[2]。結論：就去除高麗菜上的農藥（測試四種）而言，10% 的乙酸（醋）是最有效，其次是 10% 的氯化鈉（鹽），而清水則不甚理想。

2017 年〈市售和自製清潔劑對於去除蘋果裡外農藥殘留的效果〉[3] 結論：蘋果的表皮雖看似光滑，但其實有孔隙，所以農藥會鑽入蘋果皮。相較於自來水或 Clorox 漂白劑，每毫升十毫克的碳酸氫鈉（小蘇打，NaHCO3）是可以最有效地去除蘋果表面的農藥（噻苯達唑或磷酸鹽），但還是無法去除蘋果皮裡面的農藥。將皮削掉是唯一可以完全去除農藥的方法，但這樣也會去掉部分營養素。

二、康涅狄格州農業實驗站（Connecticut Agricultural Experiment Station）

其發表的〈從農產品去除微量農藥殘餘〉[4]。我將重點整理如下：

1. 年度調查顯示，康涅狄格州水果和蔬菜上的農藥殘留量通常是在美國環保署規定的範圍內。

2. 一項為期三年的研究表明，在接受測試的十四種蔬果裡，只要用自來水沖洗三十秒以上就可顯著減少十二種農藥中九種農藥的殘留量。

3. 四種市售的蔬果洗滌劑沒有比自來水更有效。

三、國立農藥資訊中心（National Pesticide Information Center）

其發表的〈如何清洗蔬果中的農藥〉[5]也是說用自來水沖洗即可，但更進一步說明，由於蔬果有空隙，所以如果用洗滌劑或漂白劑清洗，反而會導致化學物質殘留在蔬果裡。

四、美國食品藥物管理局 FDA

其發表的〈清洗蔬菜水果的 7 個招術〉（7 Tips for Cleaning Fruits, Vegetables）[6]，這份資訊同樣強調只要用自來水沖洗即可。

五、科羅拉州州立大學

其發表的〈清洗新鮮農產品指南〉[7]，我把重點整理如下：

1. **不要用洗滌劑或漂白劑清洗水果和蔬菜。**大多蔬果都是多孔的，會吸收這些化學物質而改變安全性和口感。

2. **綠葉蔬菜的清洗：**分開並單獨沖洗生菜和其他蔬菜的葉子。將葉子浸入冷水中幾分鐘有助於分離沙子和污垢。在水中加入醋（每杯水中加入半杯蒸餾白醋），然後用清水沖洗，可以減少細菌污染，但可能會影響質地和口感。洗滌後，用紙巾擦乾或使用沙拉旋轉器去除多餘的水分。

3. **蘋果、黃瓜等硬瓜果的清洗：**洗淨或去皮以去除蠟質防腐劑。

4. **根莖類蔬菜的清洗：**去皮或用刷子在溫水中清洗。

5. **香瓜類的清洗：**香瓜的粗糙網狀表面為在切割期間可以轉移到內表面的微生物提供了良好的環境。所以，在剝皮或切片之前，使用蔬菜刷並在流水下徹底清洗。

6. **辣椒的清洗：**清洗辣椒時戴上手套，雙手遠離眼睛和臉部。

7. **桃子、李子和其他柔軟水果的清洗：**在流水下清洗並用紙巾擦乾。

8. **葡萄、櫻桃和漿果的清洗：**保存時無須清洗，但在保存前須分開並丟棄變質或發霉的水果以防止腐敗生物的擴散。食用前請在涼爽的自來水下輕輕洗淨。

9. **蘑菇的清洗**：用軟毛刷清潔或用濕紙巾擦拭以去除污垢。

10. **香菜類的清洗**：浸泡並在涼水中漱洗，然後用紙巾擦乾。

最後，我個人誠懇地希望讀者能將洗滌之後的水再利用。畢竟，用不斷流出的水清洗蔬果會浪費大量的水資源，所以請拿這些水來澆花或清洗馬桶等等再次利用。

林教授的科學養生筆記

· 農藥被允許用於有機農作，所以不管有機還是無機，都有農藥殘餘的可能性

· 2003 年實驗報告：光是用水清洗即可除去 80% 的農藥

· 由於蔬果有空隙，所以如果用洗滌劑或漂白劑清洗，反而會導致化學物質殘留在蔬果裡

冷凍蔬果的營養評估

#營養素、新鮮蔬果、無病時代、蔬果生理學、降解

有位讀者寫信問我：好市多賣的大包有機草莓藍莓和冷凍蔬果都很便宜也很方便，想請教授分析冷凍蔬果的營養素是否真的比新鮮蔬果更營養。因為之前看到「元氣網」有篇文章「新鮮農產品真的新鮮嗎？其實冷凍蔬菜可能更營養」[1]。

這篇文章是摘自書籍《無病時代：終結盲目醫療、無效保健，拒絕在病痛中後悔！》（The end of illness，2012 年 12 月出版），作者是大衛・阿格斯醫生（David B. Agus）。我雖沒看過這本書，但看過幾篇書評，所以對它還算有一些基本認識。從書評裡可以看出，它對於養生保健的理念，基本上與我所倡導的不謀而合。尤其是關於維他命補充劑方面，作者也跟我一樣不贊同服用。但這篇元氣網文章裡至少有三個問題，分別講述如下。

第一個問題是翻譯錯誤。

我自己常在網站上將英文翻成中文，所以可以理解英翻中的困難。但這篇元氣網的文章，除了字體外，我差點就認不出它是中文。這還不打緊，它竟然還把原文翻成正好相反的意思。

請看元氣網文章的這句：低溫可能會終止酵素活動，因此選擇冷凍食品的建議，其實是「失效但安全」(fail-safe)的措施。很顯然，譯者是照字面把 fail 翻成「失效」，而把 safe 翻成「安全」。然後，因為「失效」和「安全」之間多多少少有著反方向的意思，所以譯者就在它們之間加了個「但」。如此，fail-safe 就被翻成「失效但安全」。可是在這裡，safe 的意思並非「安全」，而是「保險」或「保障」。所以，fail-safe 的真正意思是「保障某一事物免於遭受失敗（的機制）」，較精簡的翻譯則是「免遭失敗」或「免遭故障」。

第二個問題是，原作者誤會「水果降解」。

請看元氣網文章的這段：「水果從樹上掉下來時，就會馬上開始降解（degrade)。這是自然的意旨，讓水果的養分能回到土壤裡去滋潤樹木，產生另一代多汁又營養的水果。蔬菜也是一樣，一旦蔬菜採收了之後，其內部化學物質就會開始變化。蔬果被摘取之後，不久就會啟動基因（原本是睡眠狀態）來自我降解；等到絕大多數農產品送達當地市場時，就沒有剛摘下時那麼有營養了。」

畢竟作者是醫生，而非植物學或與農業相關學科的專家，所以他對蔬果生理學難免外行。已經過世的加州大學戴維斯分校植物學權威阿代爾·卡德教授（Adel A. Kader）在 1999 年發表文章〈水果熟成、腐爛與品質的關係〉[2]。我把摘要裡的一段話翻譯如下：

水果可以分為兩類：一種是摘下後就不能繼續成熟的果實。第二種是摘下後會繼續成熟的果實。第一類包括漿果、櫻桃、柑橘類水果、葡萄、荔枝、鳳梨、石榴和番茄。第二類包括蘋果、杏、鱷梨、香蕉、釋迦、番石榴、奇異果、芒果、油桃、木瓜、百香果、梨、桃、柿子、李子、木瓜。

從這段話可以得知，非常多（可能是大多數）的水果是在摘下後會繼續成熟。所以，它們在短期存放的期間裡，並沒有降解（生物降解，又稱生物分解，表示該物質能夠被微生物分解之後回歸自然）的問題。事實上，縱然是沒有受過任何科學訓練的人也都知道，有些水果，例如心形的柿子，還必須放到軟（熟）才能吃。也就是說，就某些水果而言，短暫的儲存（數天）非但不會造成降解，反而是絕對必需的步驟。

第三個問題是，冷凍蔬果真的更營養嗎？

請看元氣網文章的這段：「從農場到市場的長途運送當中，新鮮蔬果會遭受到很多的熱氣和光線，這也會降解掉一些養分，尤其是像維生素 C、維生素 B1 這些脆弱的維生素。我們最後吃到嘴裡的，是養分貧乏的產品，其中可能也包含我們想避免的降解產品。低溫可能會終止酵素活動，因此選擇冷凍食品的建議，其實是「失效但安全」（fail-safe）的措施。」

前面已經提到，這段話裡的 fail-safe 應當要翻譯成「免遭失敗」才對。而這整段話的意思就是：蔬果在經過冷凍處理後，就可「免遭失敗」。也就是說，由於冷凍處理可以將養分鎖住，所以冷凍蔬果可能比新鮮蔬果更營養。

但事實上，冷凍處理並不光只是冷凍，而是一系列的步驟。其中，光是燙煮這個過程就會導致營養素流失一到八成（平均約五成）[3]。所以，在啟動所謂的 fail-safe（即冷凍）之前，營養素早已部份流失（有些水果，如草莓和藍莓不需燙煮，即可冷凍）。總之，就營養素的攝取而言，冷凍蔬果是絕對比不過新鮮蔬果。當然，如果「方便」是您唯一的考量，那就另當別論。

林教授的科學養生筆記

- 水果可以分為兩類：一種是摘下後就不能繼續成熟的果實；第二種是摘下後會繼續成熟的
- 非常多的水果在摘下後會繼續成熟，所以它們在短期存放的期間裡，並沒有降解的問題
- 就營養素的攝取而言，冷凍蔬果是絕對比不過新鮮蔬果

基因改造食品的安全性

#黃豆、棉花、玉米、豆乾、GMO

在報紙和電視裡常會看到各式各樣的廣告，強調某某產品是用「非基因改造」的作物（如黃豆）製成。我個人從事醫學基因工程研究近三十年，對農業的基因工程也算了解，所以常被問到「基因改造的食物安全嗎？」。這篇文章就是我對於基因改造的看法整理。

基因改造食品（Genetically Modified Food，GMF）又稱轉基因食品，是基因改造生物（Genetically Modified Organism，GMO）本身（如黃豆）或其製品（如豆腐）。反對GMO和GMF的人所提出的理由大致是：1.GMO會破壞生態，傷及益蟲或產生超級野草。2.GMF會致癌，引起過敏或中毒。3.GMF比較不營養。

基改食品很安全

根據世界衛生組織的聲明[1]，目前在國際上販售的基因改造食品都已通過風險評估，不大可能對人類健康有影響。再者，在已批准出售基因改造食品的國家（如美國），沒有證據顯示它曾引起健康問題。至於是否會破壞生態，目前也沒有可信的證據。再說基因改造食品是否比較不營養，大量的科學實驗都無法支持這樣的論點[2]。

生於 1973 年的英國人馬克・利那斯（Mark Lynas）在九零年代曾帶頭反 GMO，所以被「譽為」反 GMO 之父[3]。可是，他在 2013 年 1 月的牛津農業會議上發表演講上說[4]：「我很抱歉自己在二十世紀九十年代中期幫助發動反對轉基因的運動。我妖魔化這項可以造福環境的重要技術。」

他又說：「對那些反轉基因的說客，從英國的貴族、名人的廚師等等，到美國的美食家、印度的農民團體，我想說的是：你們有權擁有自己的觀點，但是現在你們必須知道，你們的觀點並不受科學支持。我們正在靠近一個危機點。為了人類和地球，現在是你們走開，讓我們其餘的人開始進行可持續地養活世界的工作。」

他在 2015 年 4 月又在《紐約時報》（New York Times）發表了「我為何轉為支持基改食物」[5]。他說，因為從事氣候變化的環保運動，需要科學證據作後盾，才自覺到，他對 GMO 的立場也應該有科學證據。所以，在研讀了有關 GMO 的科學後，他的立場做了一百八十度的轉變。同年 7 月，他接受訪問，繼續闡述他從「反 GMO」到「親 GMO」的心路歷程[6]。

當然，就像馬克・利那斯所說的，每個人都有權擁有自己的觀點。但是，如果個人的觀點只是基於對科學無知的恐懼，那是否就應該多向科學學習，而非只是盲目地聽信謠言？

販賣「非基改」食品商家的誠信問題

講完基因改造食品其實是安全無虞之後，現在來講講那些號稱販賣非基改食品的商家的誠信問題。這幾年在美國的同鄉會聚餐時，我們都採用 Potluck 模式，也就是每人帶一道菜。由於在美國很難得吃到豆花，而我會做豆花（媽媽教的），所以，豆花就成為我的招牌菜，也很受歡迎。某次聚餐把家裡的黃豆庫存用完後，就試著找網購。找來找去，每一家都是標榜「非基改」。我心裡就抱怨：別把我當傻瓜。可是，抱怨歸抱怨，我還真想不出要如何搜索才能找到基改黃豆。只要一輸入「GMO soybean」，出來的一定是「non-GMO soybean」。沒辦法，最後只好放棄，拜託一位住在舊金山的朋友代購（舊金山的華人超市有放在桶子裡的散裝黃豆，而且沒有標示非基改）。

為什麼我會抱怨「別把我當傻瓜」？因為，**基改黃豆目前的市佔率是大於 93%。**[7] **那為什麼百分之百的商家都標榜非基改？很簡單，因為只有標榜非基改，才會有人買。**也就是說，既然你喜歡被騙，就別怪我騙。

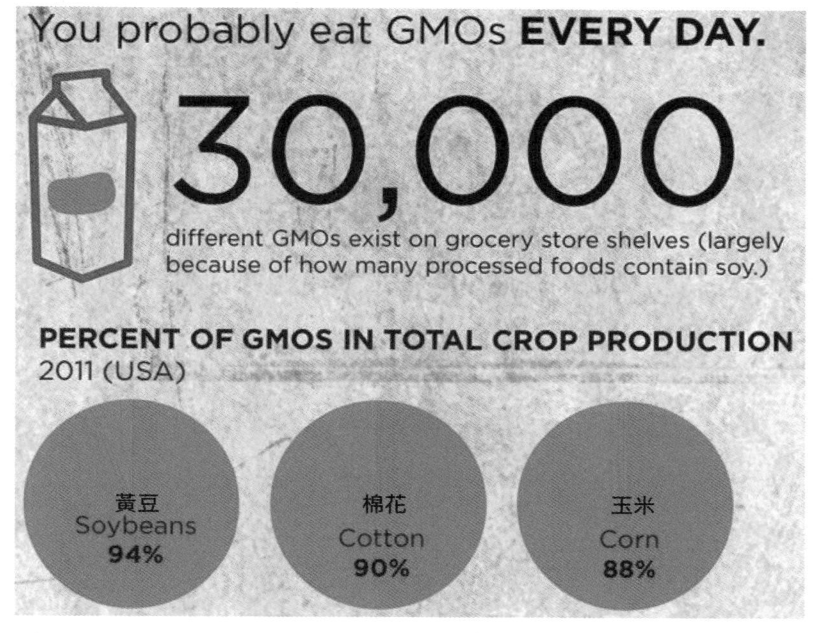

2011 年美國基改食品市場占比

資料來源：gmosustainability.weebly.com

我以前曾寫過這樣一段話：我非常清楚，絕大多數的人寧可相信美麗的謊言，也不願意聽傷心的真話。但是，我的網站既是以揭露偽科學為宗旨，也就不得不甘冒惹讀者傷心難過的大罪了。這段話，當然也適用於基改非基改的話題。「既然你喜歡被騙，就別怪被騙。」只有像我這種 EQ 超低又不識相的人，才會一而再再而三地說出讓人傷心的真話。的確，隨便上網一看，到處都是撻伐基改的聲浪，到處都是被耍得團團轉的基改恐懼症人士。

不過還好，儘管您是被耍了，已經吃下了一大堆基改食物，但是，您大可放一百二十個心。您唯一的損失大概就是花了些冤枉錢。您既不會因此得癌，也不會因此傷肝敗腎。真是不幸中的大幸。最後，如果您知道哪裡可以買得到誠實標榜「基改黃豆」，請來信告知，先謝了。

讀者回應

發表了以上文章之後，收到幾個讀者回應。其中兩個是：「黃豆基改或非基改，以我本人的淺見是基改的黃豆外表看起來比較漂亮，非基改的比較醜！（基改的黃豆不需要用農藥，因為蟲蟲不吃）。」「台灣的大溪老街豆乾和豆腐乳都有標示GMO黃豆製品。」

在討論這兩個回應之前，必須先讓讀者了解，我絕非在提倡基改。事實上，就算全世界的基改公司都倒光了，也與我無關。之所以會寫有關基改及瘦肉精的文章，只有一個目的，那就是希望讀者不要因為被偽科學或謠言誤導，而生活在恐懼中。（瘦肉精在台灣也是人人談之色變，但其實美國所使用的瘦肉精是安全無虞，請看下一篇文章）

好，現在我來回答上面提到的第一個讀者的留言：**黃豆是否基改，絕無可能從外表看出。唯一的鑑別方法是 DNA 分析。**留言中另外一句「不需要用農藥，因為蟲蟲不吃」也是謠言。事實上，之所以會有基改黃豆的研發，就是為了能噴灑農藥除草。（任何農作物的種植都會有雜草的困擾。而由於基改黃豆帶有一個抗殺草劑的基因，因此，大型農場就可以用飛機做空中噴灑殺草劑。）

至於第二個讀者的回應，我上網看到黃日香豆乾在 2015 年 12 月 20 日如此回應一位客人：「目前本公司產品皆是以基因改造黃豆製造」。然後，我又看到黃日香最新的產品更是以粗黑字體標示基因改造，可見其誠意和誠信。

可是呢，我看到其他大溪商家都還是刻意標榜非基改。所以，像黃日香這樣誠實又有勇氣的商家，可謂是鳳毛麟爪。我希望讀者如果知道還有其他商家誠實標示基改，請告訴我，我會在我的網站向他們致敬。當然，我最終的目的還是要讓讀者知道，無需恐懼基改。畢竟，基改已經問世二十多年了，連一個發病的案例都沒有。

補充一：我曾在 2017 年 8 月 1 日發表「渾沌文茜世界」[8]，批評「文茜的世界週報」編造基改謠言。文章發表後約半小時，一位美國加大農藝學博士朋友在臉書上回應：人類已經進行基因改造幾千年了，只是那時候的名字叫做「育種」。

補充二：上面提到的殺草劑，名叫 Glyphosate（品牌名是 Roundup）。它的應用不會增加黃豆的食安風險。請看書後附錄中美國農業部的文件[9]。

林教授的科學養生筆記

- 世界衛生組織聲明：目前在國際上販售的基因改造食品都已通過風險評估，不大可能對人類健康有影響
- 目前沒有科學實驗證據支持基因改造食物會破壞生態和比較不營養
- 基改黃豆目前的市佔率大於 93%，但標示自己販賣使用基改黃豆的店家卻是少之又少
- 黃豆是否基改，絕無可能從外表看出。唯一的鑑別方法是 DNA 分析

瘦肉精爭議，是政治問題

#美國豬、美國牛、克倫特羅、萊克多巴胺

2016 年 5 月，因為是否該禁止美國豬肉進口台灣的問題，瘦肉精的議題又在台灣吵翻天。而我們這群住在美國的台灣同鄉週末聚在一起，一面看著新聞，一面不禁要問：為什麼我們吃了二、三十年的美國牛豬肉，卻從不知它們是有毒的？難道，我們都對瘦肉精有抵抗力，還是，我們已中毒太深，頭殼壞去？

美豬瘦肉精是政治議題

雖然「瘦肉精」用作飼料添加物，是美國發明的，但「瘦肉精」這個詞，則是百分之百的「中國製造」。有了這麼一個精簡扼要的三字經，不論是老百姓要鬥爭，還是媒體要炒作，都再方便不過了。

反過來看美國，雖然聰明到能發明這樣神奇的藥物，卻笨到連個讓老百姓能說出口的詞都沒有。我敢保證，你如果在路上隨便問一百個美國人有沒有聽過「瘦肉精」，九十九個會跟你說：What?

當然，既然沒有一個和「瘦肉精」意思相當的英文專有名詞，想問也困難。事實上，英文裡根本連個統一的詞都沒有。但基本上，你可以用 Beta-Agonist Feed Additives 去搜尋。搜尋的結果，毫不意外，一定是有說好的，也有說壞的。但是，讓我詫異的是，英語文章的論述，大多比較注重對牲畜不良的影響。而這種對動物人道的考量，將會比對人體健康的憂慮，更快迫使肉農放棄使用瘦肉精。

至於**瘦肉精是否對人體有害，簡單的答案是「安啦」。只要是按照法規生產的，沒有任何科學證據顯示，用瘦肉精飼養的肉品對人體有害**。反過來說，在台灣和大陸，豬農非法使用毒性強，殘餘量高的瘦肉精，才是禍害的來源。也就是說，台灣吵的不是美國豬肉是否有毒，而是進口美國豬肉將會使台灣豬農難以生存。這是個政治議題，不是食安問題。所以，同鄉們，安啦！

有毒和無毒的瘦肉精不可混為一談

前面提到瘦肉精這個詞兒，是中國發明的。雖然這個詞讓人便於溝通，卻容易讓人誤以為瘦肉精是一種單一的化學藥劑。而這樣的誤會，正好讓有心人士利用，把瘦肉精玩弄成食安問題。

事實上，瘦肉精共有四十幾種，有些有毒，有些無毒。在這裡，所謂有毒和無毒，指的是該藥劑在肉品的殘餘量，對人的影響。有毒的如克倫特羅（Clenbuterol），無毒的如萊克多巴胺（Ractopamine）。克倫特羅是禁藥，與美豬無關。萊克多巴胺是合法藥，也就是添加在美豬飼料裡的藥。美國有三億多人口，包括數十萬台灣移民，我們吃瘦肉精餵食的豬肉，已經吃了十六年，但卻沒有任何一個發病的案例。這不是萊克多巴胺安全性的證據，什麼才是？

台灣有位所謂的「瘦肉精專家」，到立法院作證，也對社會發表所謂專家的意見。他所用的資料都是來自針對克倫特羅的研究報告。但是，他不提克倫特羅，也不說萊克多巴胺，而只說「瘦肉精」。[1] 所以，儘管克倫特羅與美豬無關，我們卻不能說他是在說謊。而只問選票在哪的政客們，不管是真不知實情，還是假不知，就把「專家意見」，再加油添醋，從而將一個完完全全無辜的瘦肉精（萊克多巴胺），擴大成可以動搖國本的食安問題。

真正有資格叫做瘦肉精專家的台灣大學獸醫學院名譽教授賴秀穗，曾撰文建議政府解除萊克多巴胺為禁藥的法令。他說：「如能核准使用，一方面可降低養豬成本，提高競爭力；另一方面可杜絕非法使用毒性過高的瘦肉精，來危害消費者的健康。」[2]，而「非法使用毒性過高的瘦肉精」，指的是台灣某些不肖農戶，使用了例如克倫特羅等，毒性高出萊克多巴胺兩千倍的瘦肉精。依據農委會防檢局對屠宰豬的抽檢，2009 年有 0.81%，2010 年有 1.71%含有瘦肉精的殘留[3]。

我要再次強調：瘦肉精是政治議題，不是食安問題，用食安問題來做掩飾，是無法解決台灣豬農所面對的困難。用克倫特羅的食安數據來跟美方談判，更是會被笑掉大牙，丟人現眼的。所有為台灣好的人，都應該摒棄用「食安問題」這個不可能成功的策略。應該做的是，把精力放在如何幫助豬農維持生計，看是要協助技術改良，輔助轉型，還是給予補貼。不管哪一方法，都遠比炒作食安問題，來得實用有效。

補充說明：瘦肉精除了是政治議題之外，還有一些人道問題，因為瘦肉精的作用類似腎上腺素，會使豬焦躁不安並具有攻擊性。

而由於肌肉長期處於緊張狀態，有些豬會四肢癱軟，無法行走或倒地不起。

林教授的科學養生筆記

- 瘦肉精分為有毒和無毒的。在台灣和大陸，豬農非法使用毒性強，殘餘量高的瘦肉精，才是禍害的來源。使用合法低毒性瘦肉精的美國豬，不能和此混為一談
- 瘦肉精是政治議題，不是食安問題。是否開放進口美國豬和牛，用食安問題來做掩飾，無法解決台灣豬農所面對的困難

紅鳳菜有毒傳言

#血皮菜、蕨菜、魚腥草、紅莧菜

2017 年 7 月，一位好友請我查證一則網路流言的真假。該流言的內容如下：

中科院植物研究所博士劉夙在微博上稱，紅鳳菜含有吡咯里西啶生物鹼。具有肝毒性，建議大家不要食用這種野菜。他介紹紅鳳菜在分類學上屬於菊科、千里光族、菊三七屬。上世紀化學家就發現千里光族植物普遍含有吡咯里西啶類生物鹼（PA），在動物身上做過了大量 PA 的毒性實驗，證明它有強烈的肝毒性，可以導致肝硬化。此外，它還有致癌、致畸性，並可導致原發性肺高壓。專家研究表明紅鳳菜的地上部分具有最強的肝毒性。因此，建議市民最好不要食用紅鳳菜。

在分析這個流言的真假之前，要先搞清楚紅鳳菜和紅莧菜有何不同。紅鳳菜的植物學名為 Gynura bicolor，而紅莧菜的植物學名則為 Amaranthus tricolor。也就是說，它們在分類學上是屬於不同屬。就外觀而言，紅鳳菜的葉子是正面綠色，背面紅紫色，而紅莧菜的葉子是周邊綠色，中心紅紫色，正反兩面都一樣。一般來說，紅鳳菜是用麻油薑絲炒熟，作為一種進補的菜（口感脆硬滑），而紅莧菜則是和小魚乾一起炒熟，作為配飯的菜餚（口感軟爛澀）。

紅莧菜似乎沒有什麼毒不毒的爭議，所以我們只討論紅鳳菜。有關劉夙與紅鳳菜的消息是首次出現在一篇 2013 年 8 月 13 日的「四川在線」文章。該文章的標題是「網傳食用血皮菜可致肝癌調查：成都菜場很好銷」，第一段是：

進入夏季後，野菜血皮菜（也叫紅鳳菜）逐漸在成都菜市場上出現，不少市民以為這種野菜能夠補血，常買回家涼拌或炒豬肝吃。近日，中科院植物研究所的博士劉夙在微博上稱，血皮菜含有吡咯里西啶生物鹼，具有肝毒性，建議大家不要食用這種野菜。

也就是說，早在 2013 年就有有關紅鳳菜有毒的傳聞。但就是不知道為什麼，這個傳聞最近又熱絡起來。不管如何，的確是有文獻說紅鳳菜含有吡咯里西啶生物鹼，此一生物鹼的確具有肝毒性。譬如，一篇 2017 年 1 月 21 日發表的研究調查報告就是這麼說，而它出自於中國的科學院植物研究所[1]。

但是，反過來說，一篇 2015 年出自於長庚大學的報告卻說紅鳳菜沒有任何毒性[2]。還有，台灣癌症基金會的一篇文章說紅鳳菜有以下幾個優點，例如富含維生素 A 及 β 胡蘿蔔素，含鐵量高，抗發炎，有助降血壓，富含花青素，但卻完全沒有提到紅鳳菜有毒[3]。

許多常見食物中都含有吡咯里西啶類生物鹼

事實上，香港的食物安全中心有一份日期標示為 2017 年 1 月的「風險評估研究第 56 號報告書」[4]，而其標題就是食物中的吡咯里西啶類生物鹼。我把其中的重點整理如下：

目前已從六千多種植物中發現超過六百六十多種吡咯里西啶類生物鹼及其相應的氮氧化衍生物。吡咯里西啶類生物鹼是分布最廣的天然毒素，有報告指出，人類會因使用了有毒的植物品種所配製的草本茶或傳統藥物，以及進食了被含有吡咯里西啶類生物鹼的種子所污染的穀物或穀物製品（麵粉或麵包）而中毒。海外研究顯示，人類進食蜂蜜、茶、奶類、蛋類和動物內臟，亦會攝入吡咯里西啶類生物鹼；不過，現時並沒有這些膳食來源導致人類中毒個案的報告。

到目前為止，尚無人類流行病學資料顯示，攝入吡咯里西啶類生物鹼與人類患癌有關。一般而言，根據動物研究建立的基準劑量可信限下限計算所得的暴露限值若 ≥10000，從公眾健康角度觀之，值得關注的程度不高，並無採取風險管理措施的急切需要。

根據這次研究從膳食攝入吡咯里西啶類生物鹼總量的結果，並無充分理據建議市民改變基本的健康飲食習慣。市民應保持均衡和多元化的飲食，包括進食多種蔬果，避免因偏食某幾類食物而攝入任何過量的污染物。

從上面所列的重點可以得知，吡咯里西啶類生物鹼並不是紅鳳菜特有的，而就攝取自食物而言，並無證據顯示它真的具有風險。所以，我給讀者的建議就跟上面最後一句一樣：只要保持均衡和多元化的飲食，就無需擔心紅鳳菜是否有毒。

事件後續補充

在前面文章發表的隔天（2017 年 7 月 13 日），劉夙在他的微博發表「不全是謠言！這三種蔬菜確實要慎吃」，從文章可以看出，網路流言是把劉夙所說的「紅鳳菜含有可能致癌的有毒物質」誇大說成「紅鳳菜是一級致癌物」。但是縱觀整篇文章，劉夙的確是一再強調紅鳳菜的潛在危險，也的確建議盡量不要食用。這樣的強調和建議，也許是出於好意，只不過他並沒有提到，人類因攝取吡咯里西啶生物鹼而中毒的案例是少之又少，更不用說根本就沒有因食用紅鳳菜而中毒的案例。

但話又說回來，我不希望讀者誤以為我的意思是，可以完全放心地大吃紅鳳菜。上個週末我到一個朋友家，看到他的後院種了一大片紅鳳菜。這表示，他們夫妻兩口子需要天天吃，才消得去這麼多紅鳳菜。所以，我就跟他說要小心。

請讀者注意，沒有中毒的案例並不表示就是安全，也許肝臟有受損，但因為沒感覺，就沒看醫生，長期下來可能會有問題。我的建議是，如果是真的喜歡吃，那就偶爾為之。如果只是因為聽說它能補血（或是其他傳說中的好處），那就大可不必。

傳言有好處的東西太多了，什麼地瓜抗癌第一、洋蔥護骨第一、木耳清血第一，你有幾個肚子能吃得下這麼多的第一？我一再強調，不要因為聽說什麼好，就拼命吃什麼。均衡多樣化的飲食，才能獲得全面性的營養素，也才能避免攝取過量的毒素。

林教授的科學養生筆記

· 吡咯里西啶類生物鹼並不是紅鳳菜特有的，而就攝取自食物而言，並無證據顯示它真的具有風險

· 保持均衡和多元化的飲食，食用多種蔬果，避免因偏食某幾類食物而攝入任何過量的污染物

· 紅鳳菜的葉子是正面綠色，背面紅紫色，而紅莧菜的葉子是周邊綠色，中心紅紫色，正反兩面都一樣

紅鳳菜　　紅莧菜

番茄和馬鈴薯的生吃疑雲

#龍葵鹼、生物鹼、生食、抗營養素、豆類

有次收看台灣的廚藝節目，聽到一位知名的養生專家說：馬鈴薯不可以生吃的原因是它含有龍葵鹼，而龍葵鹼是有毒的。我想很多人知道，**發芽的馬鈴薯是不能吃的，原因是含有高量的龍葵鹼。**如果說，烹煮真的能夠去除龍葵鹼，那也就不用勸人不要吃已經發芽的馬鈴薯。還有，沒發芽的馬鈴薯只含有微不足道的龍葵鹼，根本沒有必要用烹煮去毒。由此可見，那位養生專家所說的，馬鈴薯不可以生吃是因為含有龍葵鹼，是完全錯誤。

那，馬鈴薯不可以生吃的真正原因是什麼呢？其實，也不只是馬鈴薯不可以生吃。**凡是富含澱粉的植物，如米、麥、番薯等等都需要煮熟，才適合人類進食。主要的原因是，沒有煮熟的澱粉不容易被消化，而當沒被消化的澱粉進入大腸，就會成為細菌的食物，**

導致氣體產生，造成腹痛。

抗營養素，不用太在意

也有一種說法是，馬鈴薯含有多種「抗營養素」，需要以高溫烹煮去除。所謂「抗營養素」就是「會妨礙營養素被人體吸收的元素」，常見的有蛋白酶抑制劑：防止蛋白質的消化和隨後的吸收，例如大豆中的胰蛋白酶抑制劑；澱粉酶抑制劑：防止澱粉的消化和隨後的吸收，存在於多種豆類中；植物酸：對礦物質如鈣、鎂、鐵、銅和鋅具有很強的結合力，導致沉澱，無法吸收，存在於堅果，種子和穀物的外殼；草酸：會與鈣結合，防止其吸收，存在於許多植物中，尤其是菠菜；硫代葡萄糖苷：防止碘的攝取，影響甲狀腺的功能，存在於花椰菜、綠花椰和高麗菜；類黃酮：會合金屬（如鐵和鋅）結合，也可能沉澱蛋白質，廣泛地存在於多種植物中；皂素：會刺激胃腸，造成紅腫、充血，存在於豆類；紅血球凝集素：會與腸道粘膜結合而妨礙吸收，大量存在於豆類；抗壞血酸氧化酶（Ascorbate oxidase）：會破壞蔬菜和水果中維生素C，存在於葫蘆科。

有關「抗營養素」，網路上有數不盡的文章說它們是多麼可怕。

尤其是在台灣，有幾位名醫或名嘴就老愛說，生的蔬菜含有多種「抗營養素」，所以一定要煮熟才能吃。最常被他們說不能生吃的蔬菜是花椰菜、綠色花椰花、高麗菜和蘑菇。的確，在台灣我從沒看過沙拉吧裡有擺放這類蔬菜。可是在美國，這類蔬菜幾乎是沙拉吧裡的必備，也是我的最愛。所以，我可以毫無保留地說，這類蔬菜的「抗營養素」，一點都不抗營養，生吃熟食兩相宜。對大多數的人而言，幾乎所有的蔬菜都是可以生吃的。事實上，生吃和熟食一起來，更能夠全面性地獲得營養素。

事實上，在美國，幾乎沒有什麼蔬菜是不能生吃的，只有一樣例外，那就是豆類。**生的豆類含有高量的紅血球凝集素，而此毒素是有致命性的。還好，我們只需要用蒸或水煮十分鐘，就可以將豆類中的紅血球凝集素減少二百倍。**但是，用慢鍋煮是沒有用的，因為攝氏八十度以下的溫度無法破壞紅血球凝集素。總之，所謂的「抗營養素」，是一個聽起來很有學問，但卻沒有多大實質意義的名詞。

成熟的番茄很安全

一直以來，網路上都有謠言說番茄不能生吃，因為它含有龍葵鹼（Solanine），還說要避免龍葵鹼中毒，一定得把番茄煮熟。但是，也不知是故意，還是無知，這些謠言是把「成熟」和「煮熟」，混為一談。

尚未成熟的番茄是含有大量的龍葵鹼（一顆約含三十毫克），但是成熟的番茄則僅含有少量的龍葵鹼（一顆約含零點五毫克）。一個成人大約要吃下三百毫克的龍葵鹼，才會中毒。那，你會一次吃十顆又酸又苦的未成熟番茄嗎？就算是成熟的番茄，你會一次吃六百顆嗎？

那篇謠言說，要避免龍葵鹼中毒，一定得把番茄煮熟。但其實，龍葵鹼是耐高溫的，如果番茄真的有毒，那再怎麼煮也沒有用。根據一篇美國國家環境健康科學研究所的論文，用水煮（攝氏一百度）對龍葵鹼沒有影響，用微波爐則可降低龍葵鹼含量 15%，而如果是油炸，則需要達到攝氏一百七十度，才可將龍葵鹼完全破壞。所以，勸人家要把含有龍葵鹼的植物（如龍葵菜）煮熟吃，非但不是助人，反而是害人。

總之，**是「還沒成熟」的番茄，而非「還沒煮熟」的番茄，才會含有大量的龍葵鹼。也就是說，只要是成熟的番茄，不管生吃還是熟食，都是百分之百的安全。**

林教授的科學養生筆記

- 發芽的馬鈴薯不能吃，是因為含有高量的龍葵鹼，而且龍葵鹼耐高溫，不能用高溫烹煮去除
- 凡是富含澱粉的植物，如米、麥、番薯、馬鈴薯等等都需要煮熟，才適合人類進食
- 花椰菜、綠色花椰菜、高麗菜和蘑菇不論生吃或熟食都很健康
- 生的豆類含有高量的致命性毒素紅血球凝集素，所以不能生吃
- 只要是成熟的番茄，不管生吃還是熟食，都是百分之百的安全

鋁製餐具和含鉛酒杯的安全性

#鋁中毒、阿茲海默、腎臟病、水晶酒杯、鉛中毒、斟酒器

讀者翟先生寫信問我：「使用鋁鍋會導致鋁中毒嗎？阿茲海默症是因為鋁中毒嗎？」，而「鋁鍋是否有毒」這個問題，其實三十幾年前就已經和我擦身而過。那是我剛拿到博士學位，到加州醫學研究所工作的時候，一位美國同事跟我提起鋁鍋有毒，只記得當時我稍微查了一些資料就不了了之。後來，進入網路時代之後，我還是會三不五時地收到相關的電郵，也斷斷續續做了一些搜尋和研究。如今，收到這位讀者的電郵後，我又做了新一輪的搜尋和研究，在三十年之後正式解答這個問題。

在談「鋁鍋是否有毒」（我的網站上，還有鋁罐沙茶醬的謠言，一樣歸類為鋁中毒的問題）之前，需要先了解鋁本身是否有毒。首先，我舉兩個大多數讀者應該都有親身經驗的例子。您喜歡吃油條吧，那您知道油條為什麼會酥脆嗎？答案是，因為添加了膨鬆劑明礬。明礬的化學式是「十二水合硫酸鋁鉀」（$KAl(SO_4) \cdot 12H_2O$）。所以，油條是一種添加了鋁的傳統食物。還有，很多西藥（包括抗酸劑和阿司匹林）都含有氫氧化鋁。所以，鋁不但是食品添加物，也是西藥的成分。

好，現在您對鋁有個初步了解之後，我可以繼續說下去。有關鋁對健康影響的醫學研究已經進行了超過一個世紀，而論文的數量也已經累積到了超過六萬篇。所以讀者應該可以理解，我不可能用兩三頁的文章來窺究鋁的全貌。

鋁食器造成中毒風險不高

事實上，美國衛生部在 2008 年發表了一份長達三百五十七頁，標題為〈鋁的毒性研究〉[1] 的報告，鉅細靡遺地討論鋁對健康影響。有興趣深入研究的人，可以去看這份巨著。在這裡我只簡單地說，**鋁在被吃進肚子後，99%會隨著糞便被排出體外。剩下的 1%會進入血液循環，然後隨著尿液被排出體外。但如果腎功能有問題，就可能會出現鋁中毒。**

有關我們平常使用的鋁鍋、鋁罐、鋁箔紙等等，的確它們都會釋放鋁，但由於**鋁不易被吸收，又容易被排泄，所以從這些器具所攝取到的量，對腎功能正常的人是不構成威脅的。**

當然，沒有什麼東西是百分之百安全的。所以，如果您還是擔心鋁中毒，那就盡量避免使用鋁製品吧。

目前為止，鋁與阿茲海默症無關

至於「阿茲海默症是因為鋁中毒嗎」，我先回答，阿茲海默症的病因錯綜複雜，絕非鋁中毒或其他任何單一的事或物可以解釋。

事實上，儘管已經研究了超過半個世紀，目前正統醫學界裡應該沒有人敢百分之百地說，鋁是或不是阿茲海默症的肇因（之一）。強烈說是的一方，會留空間給不是的一方，例如這篇 2014 年的論文：〈鋁和其對阿滋海默的潛在影響〉[2]。而強烈說不是的一方，也會留空間給是的一方，例如這篇 2014 年的論文〈鋁的假說已經死亡？〉[3]。

目前，美國官方的衛生部以及民間的阿茲海默症協會，都是認為鋁與阿茲海默症無關。例如，阿茲海默症協會就將「鋁罐飲料或鋁鍋烹煮會引發阿茲海默症」定位為迷思[4]。

總之，根據我個人三十多年來斷斷續續的追究，我們並不需要擔心日常生活中所接觸到的鋁製品。但如果您有腎臟病，可能就需要盡量避免。

含鉛酒杯造成鉛中毒風險確有可能

在了解鋁餐具的安全性其實是頗高之後，我們來講一個比較可能發生的鉛中毒狀況。2018 年 1 月，我參加了台灣同鄉會舉辦的葡萄酒品酒會，會中請來品酒達人沈醫師講解。他提到酒杯是用含鉛玻璃做的，與會者就問我，這不會造成鉛中毒嗎？

沒錯，醫學文獻裡的確是有這樣的報導，例如 1972 年的論文〈由於雞尾酒杯引起的一家人鉛中毒〉[5]、1976 年〈雞尾酒杯引起的鉛中毒：對兩位患者所做的觀察〉[6]、1977 年〈雞尾酒杯引起的鉛中毒〉[7]。醫學文獻裡也有研究酒杯釋出鉛量的報告，例如：1991 年〈來自含鉛水晶的鉛接觸〉[8]，1996 年〈來自含鉛水晶酒杯的鉛游離〉[9]。

那酒杯為什麼會含鉛，含鉛的酒杯又為什麼沒被禁用？含鉛玻璃（Leaded glass）有個美麗的外號叫水晶（Crystal）。但那是誤稱，因為它實際上並無晶體結構（Crystalline structure），之所以會看起來亮晶晶的，是因為鉛增加了玻璃對光的折射率（refractive index），而由於含鉛玻璃在加熱後，能保持較長時間的延展性，所以藝術家或工匠可以有較充分的時間來塑型。如果不是有這個特性，水晶工藝也就不存在。所以，酒杯為什麼會含鉛，就因為它看起來漂亮，而不是因為它較堅固（有此一誤會）。

那含鉛酒杯安全嗎？**含鉛酒杯的確會釋出鉛到酒裡，但在一般情況下，這個量不會對健康構成威脅。這也就是為何含鉛酒杯沒被禁用。不過如果長時間（例如一晚上）將酒存放在含鉛杯子裡或瓶子裡，這樣的酒可能就會對健康構成威脅。**

例如，常見有人將酒存放在斟酒器裡，那可就是相當危險。當然，如果想完全避免危險，那就完全不要用含鉛的容器。另外可以考慮只有在社交或宴會場合才用含鉛酒杯。平常在家就只用非含鉛酒杯，即可大大降低鉛中毒的風險。含鉛酒杯除了看起來較亮麗外，在用金屬餐具（湯匙、刀子）敲擊時，也會發出較清脆持久的聲音。所以，讀者如果不想用含鉛酒杯，不妨用這個辦法來區分。

林教授的科學養生筆記

- 平常使用的鋁鍋、鋁罐、鋁箔紙等等都會釋放鋁，但由於鋁不易被吸收，又容易被排泄，所以對腎功能正常的人是不構成威脅的
- 目前為止，美國官方的衛生部以及民間的阿茲海默症協會，都是認為鋁與阿茲海默症無關
- 含鉛酒杯的確會釋出鉛到酒裡，但在一般情況下，這個量不會對健康構成威脅。但酒若長時間放置在含鉛杯子、瓶子或斟酒器中，確實會對健康造成威脅

Part 2
補充劑的駭人真相

電視和廣告每天說維他命補充劑抗氧化、酵素飲料美顏、益生菌抗過敏……每年花幾萬元買的大罐小罐，真的有效嗎？最新科學論文告訴你每年三百億美金補充劑的商機真相

維他命補充劑的真相（上）

#維他命中毒、天然、維他命C、濫用、補充劑

到底需不需要吃維他命？曾經有位駐美的台灣外交官當面問我這個問題。他因平日公務繁忙，所以夫人要他每天吃維他命補身體。雖然他自己認為沒必要，可是一來不忍拒絕夫人好意，二來也說不出個「不」的理由，所以詢問我的意見。以下是我整理多篇科學論文，綜合給他和讀者的建議。

微營養素從日常飲食攝取就夠

維他命共有十三種，而它們都是「微營養素」。「微」的意思是說，一點點就夠了。要攝取這一點點，平日三餐的均衡飲食也就夠了。「微」的另外一個意思是，很容易被超過。既然平日三餐就夠了，再吃藥丸補充，當然就超過了。

可是很多人以為吃越多越好，所以維他命過量是一個很普遍的問題。美國每年有六萬個維他命中毒的案例，被報告到毒物控制中心[1]。這六萬個案例是嚴重到需要被報告到毒物控制中心，那沒那麼嚴重，可是已經超量的案例有多少，六十萬還是六百萬？想知道更多關於維他命中毒的症狀，讀者可參考書後附錄〈維他命的毒性〉[2]這篇文章。

2012 年發表的一篇報告中[3]，總共分析了七十八個隨機臨床試驗，其中接受調查的人數近三十萬。結果發現，維他命 E 和胡蘿蔔素（維他命 A）補充劑會增加 5% 的死亡率。而維他命 C 則既沒好處，也沒壞處。

台灣也有一些官方以及專家們談論維他命濫用的文章。毒物科醫師林杰樑就曾在文章中舉例，香港有位小孩因食用過量含維他命A的魚肝油，得了肝硬化[4]。另一篇文章「維他命補過頭，恐增罹癌風險」[5]，標題就已經很明白了。這麼多的文章都是勸讀者只要飲食均衡，就可攝取足夠的維他命。所以，維他命的「他」，指的是誰，顯然不是一般大眾，而是指擁有龐大利益的廠商們了。

補充劑是在浪費金錢

2018年6月有一篇正式發表的研究論文，標題是〈維他命和礦物質補充劑用於心血管疾病之預防和治療〉[6]。這篇論文是由來自世界各國的三十九位醫生、營養師和科學家共同撰寫。他們分析了2012年到2017年期間發表的所有有關補充劑與心血管疾病以及死亡率之間關係的研究報告（共一百七十九篇），結論是：**維他命和礦物質補充劑非但無益於心血管疾病之預防或治療，而且在某些情況下反而有害。例如維他命A、B_3、C和E，都與死亡風險之增加有關。**

對於這樣的結論，媒體當然會徵詢專家的意見，而他們都異口同聲地說「意料中事」。既然專家們都知道補充劑非但無益反而有害，為什麼普羅大眾還照樣在花大筆大筆的錢吃這些可能有害健康的藥呢？有關補充劑非但無益反而有害的文章，我已經寫了數十篇，但每隔幾天，還是會收到讀者詢問：真的是這樣嗎？唉，這根深蒂固的毒癮，要怎樣才能拔除呢？

天然和合成維他命的迷思

有位讀者曾經對我說：「我吃的是天然的綜合維他命，而非合成的。」，所以我問：「天然的綜合維他命是什麼，是從動植物萃取出來的，還是罐子上寫著天然的人工藥片？」其實，大多數讀者對「天然」兩字有很大的誤會。

從這個例子就可看出，天然這個詞現在幾乎已經等同於「騙你傻乎乎」了。台灣的「環境資訊中心」在 2014 年 2 月發表一篇「食管局沒定義，美食品狂打天然」[7]。它的第一段是：美國預先包裝好的食物產品，打著天然的標誌上架，但骨子裡卻滿是人工添加物和化學成分，原因是美國根本沒有定義什麼是「天然」。

沒錯，FDA 沒有對天然下定義，法律上當然也就不能追究某某標榜天然的產品是否造假。科學上，也一樣無法定義什麼是天然。縱然是從動物或植物萃取出來的營養素，在萃取、純化及製劑的過程中，一定需要使用一些物理或化學方法來處理。所以，就算源頭是天然，但最後的產品卻可能已經遠遠偏離天然了。

嚴格來說，所有天然的維他命就只存在於食物裡（維他命 D 是來自陽光），而它們一旦被萃取出來，就再也不是天然了。所以，您如果相信「合成的」不好，那您也就只能從食物和陽光來攝取維他命。

只有 1% 的人需要維他命補充劑

好消息是，對絕大多數的人（99%）而言，食物和陽光的確就可以提供足夠的維他命。壞消息是，對同樣的這些人額外補充（罐子裡的）維他命，卻可能會增加死亡率。

所以，維他命是否天然，並不是個問題，而是「到底需不需要補充」。真的需要補充維他命的人不多，大約只有 1%，例如：吃全素（蛋都不吃）的人需要補充維他命 B_{12}。儘管市面上大多數維他命 B_{12} 補充劑是合成的，卻還是有效的[8]。

還有，住在陽光不足地區的人，尤其是發育中的小孩，是需要吃維他命 D 補充劑（縱然是所謂的合成的，也是有效）。也就是說，只要是在「需要吃才吃」的情況下（而不是額外補充），合成的維他命是既安全又有效。

我之所以這麼肯定，是因為這一百多年來，有關維他命的研究已經累積了超過三十萬篇論文，而這裡面，絕大多數的研究是針對合成的維他命而做出來的（畢竟天然維他命不易取得）。如果說合成的維他命有什麼不好，那也就只是在它們被濫用的時候。很不幸的，在美國有三分之一的人濫用維他命，而我猜台灣也好不到哪裡去。

維他命的最佳來源？你的盤子，不是你的藥櫃

講個悲哀的笑話：內人的一群大學同學來訪加州，借宿在我家。他們都知道我反對吃維他命補充劑，所以就偷偷地去買維他命要帶回台灣。被內人知道後，就推說是親友託買的。哈！不愧是我忠實的粉絲（其實我知道他們真正的用意是在做功德，促進經濟）。

最後，補充一篇哈佛醫學院發表的文章，標題是〈維他命的最佳來源？你的盤子，不是你的藥櫃〉[9]。對於維他命補充劑還有疑問的讀者，這篇文章的標題，已經下了很好的結論。最後，我附上歷年來關於維他命補充劑會提高死亡的論文，有興趣的讀者可以自行參閱書後的補充資料[10]。

林教授的科學養生筆記

- 維他命共有十三種，都是「微」營養素，從平日三餐的均衡飲食攝取就夠了，再吃藥丸補充的話很容易超過，反而對健康有害
- 維他命和礦物質補充劑，非但無益於心血管疾病之預防或治療，在某些情況下反而有害。例如維他命 A、B_3、C 和 E，都與死亡風險之增加有關
- 嚴格來說，所有天然的維他命就只存在於食物裡（維他命 D 是來自陽光），而它們一旦被萃取出來，就再也不是天然了

維他命補充劑的真相（下）

#隱藏成分、Citrinin 腎臟毒素、西布曲明、補充劑

營養補充品的潛在危險：隱藏成分

2016 年 7 月，我在一天內收到了五封來自美國 FDA 的電郵，通知有五種瘦身藥被驗出含有隱藏成分「西布曲明」(Sibutramine)，它會大幅提高血壓和心率，並且會和某些藥物交互作用，對生命構成威脅。

其實，隱藏成分的濫用，在營養補充品界遠比瘦身藥來得嚴重。FDA 已經發現了超過五百種營養補充品摻有隱藏成分，包括興奮劑、健美類固醇、抗抑鬱藥、減肥藥和勃起功能障礙用藥。這些藥均可引起不良的副作用，尤其是在與心臟藥或其他處方藥一起服用時可能致命。

正規藥品在上市前須經過廣泛的測試，證明其效力和安全性，但營養補充品卻不需要經過這些測試。此外，補充劑的製造商可以在缺乏證據的情況下，宣稱自己的產品能增進健康，也難怪大眾會感到困惑。

例如，綜合維他命是人們常用來預防心臟病的營養補充品，但已被證明無效。同樣，紅麴米補充劑被認為對降低膽固醇「可能有效」，但在一項研究中，有三分之一的產品，被發現受到 Citrinin 腎臟毒素的污染。

補充劑市場的龐大商機

2018 年 2 月，美國醫學會期刊（JAMA）發表一篇〈維他命和礦物質補充劑：醫生需要知道的事〉（Vitamin and Mineral Supplements：What Clinicians Need to Know）[1]，作者是兩位哈佛大學預防醫學系的教授。從標題可知，這篇文章是寫給醫生看的，主文超過非醫學專業人士所需要知道的。所以，我只將引文翻譯如下，供讀者參考：

膳食補充劑在美國是一門價值三百億美元的產業。市場上有超過九萬種這類產品。在最近的全國調查中，52%的美國成年人回答至少使用了一種補充劑，而10%回答使用了至少四種這樣的產品。在所有補充劑中，維他命和礦物質是最受歡迎的。約48%的美國成年人服用維他命，而約39%的美國成年人服用礦物質。

儘管如此受歡迎，大多數維他命和礦物質補充劑的臨床試驗並沒有顯示出，它們對於疾病的預防有明顯的益處。事實上，一些試驗表明，過量的補充，例如高劑量的β胡蘿蔔素、葉酸、維他命E或硒，反而可能會產生有害影響，包括死亡率上升、癌症和出血性中風。

在本文，我們提供資訊幫助臨床醫生解決患者的微量營養素補充劑的常見問題，及促進適當的使用和遏制這些補充劑在一般人的不當使用。重要的是，臨床醫生應該跟他們的病人說，補充劑不能替代均衡的飲食，而且在大多數情況下，它們幾乎沒有任何益處。

臨床醫師更應該強調，從食物中獲取維他命和礦物質的許多優點（而不是從補充劑中獲得）。食物中的微量營養素通常被人體吸收較好，且潛在的副作用較少。健康飲食提供了一系列生物學上最佳比例的營養素，而這是高濃度補充劑所無法做到的。事實上，研究表明，有益健康的結果是較常與整體膳食有關，而較少與單獨營養素有關。

哈佛醫學院助理教授彼得·科恩（Pieter A. Cohen）博士說：「只要飲食均衡，就不需要添加任何營養補充品」。而我也在自己的網站上，發表過數十篇有關維他命和補充劑的文章。這樣苦口婆心，不厭其煩地勸讀者不要吃所謂的營養品或補品，但我想絕大多數讀者還是把忠告當成耳邊風，持續每天吃維他命和補充劑。希望看完這本書的讀者，可以至少理解這件事情，我也算是功德無量。

林教授的科學養生筆記

- FDA 已經發現了超過五百種營養補充品摻有隱藏成分，包括興奮劑、健美類固醇、抗抑鬱藥、減肥藥和勃起功能障礙用藥
- 正規藥品在上市前須經過廣泛的測試，證明其效力和安全性，但營養補充品卻不需要經過這些測試。此外，補充劑的製造商可以在缺乏證據的情況下，宣稱自己的產品能增進健康
- 補充劑不能替代均衡的飲食，而且在大多數情況下，它們幾乎沒有任何益處
- 一些試驗表明，過量的補充，例如高劑量的 β 胡蘿蔔素、葉酸、維他命 E 或硒，反而可能會產生有害影響，包括死亡率上升、癌症和出血性中風

維他命 D，爭議最大的「維他命」

#賀爾蒙、補充劑、類固醇、陽光、魚肝油

我已在自己的網站發表了二十五篇與維他命 D 相關的文章，包括它是如何被發現，如何被錯認為是營養素，如何被醫師濫開，如何被民眾濫用等等。本篇所提供的只是一些簡短初步的介紹。筆者希望將來有機會出一本專書，來對抗此一醫學界的迷思洪流。

維他命 D 其實是類固醇荷爾蒙

1922 年，美國生化學家艾爾默．馬可倫（Elmer McCollum，1879-1967）發現魚肝油可以治療「佝僂病」（小孩子骨骼發育不良）。他把魚肝油裡的有效元素命名為維他命 D。這個發現很了不起，但這個命名，卻為後來有關維他命 D 的應用與研究種下禍根。

我在文章後半會詳細解釋維他命 D 的正確分類是「類固醇荷爾蒙」，而所有的「類固醇荷爾蒙」都具有一個共同特性，那就是，它們都是既能載舟，也可覆舟。也因為如此，要使用「類固醇荷爾蒙」做治療或補充，都必須通過審慎的風險評估。譬如，不論是男性荷爾蒙還是女性荷爾蒙，都需要醫師處方才能服用。可是，因為維他命 D 被定位為維他命，所以到處買得到，任何人都可以自由服用。

同樣地，由於大多數的研究把維他命 D 看待為營養品，所以它們的實驗結果不但正反兩面都有，而且往往互相抵觸。男性荷爾蒙或女性荷爾蒙在我們身體裡的量會高低起伏，是正常現象。但很奇怪地，為什麼同樣是「類固醇荷爾蒙」的維他命 D，就被認為需要維持在一個理想水平？想想看，如果把男性荷爾蒙或女性荷爾蒙視為營養品，從而建議人們需要把它維持在一個理想水平，那後果將會是如何不堪設想？

由於醫學界到現在還是甩不掉「維他命 D 是營養素」這個舊思維，所以五、六十年來投入了龐大的資金和人力後，還是搞不清楚到底要補還是不補。姑且不談什麼糖尿病和癌症等等非骨骼方面的研究，畢竟，**維他命 D 在非骨骼方面的作用，本來就是一直搞**

不清楚。縱然是在骨骼方面的研究，維他命 D 到底是好還是壞，也一樣沒有定論。例如，一篇 2010 年發表在美國醫學會旗艦刊物《JAMA》的研究指出，高劑量的維他命 D 會增加骨折的風險 [1]。但另外也有研究指出，維他命 D 不會減少骨折的風險 [2]。

想要撥雲見日的當務之急就是，徹底接受「維他命 D 是荷爾蒙，而不是維他命」，此一事實。就像男性荷爾蒙或女性荷爾蒙一樣，維他命 D 在發育期間，真的是必須得到充足的攝取。但一旦過了發育期（或停經期），就應當讓這些「類固醇荷爾蒙」順其自然地起伏。

所謂順其自然，就是曬曬太陽，均衡飲食，無需刻意補充。要知道我們平常購買的食品裡已經有添加維他命 D（牛奶、果汁、早餐穀類等等）。所以，除非是貧困地區的人，否則發生維他命 D 不足的現象是不太可能的。而且**從飲食中攝取維他命 D，有可能會因為過量而造成中毒（添加維他命 D 曾造成廣泛的中毒，大多數歐洲國家禁止在牛奶裡添加維他命 D）[3]。但曬太陽攝取的維他命 D，則不可能會過量。**因為這條路線裡設有安全控制，過多的維他命 D 會被陽光分解 [4]。

我曾提過，維他命 D 不是維他命，而是一種賀爾蒙。它之所以被誤會成維他命，是因為它最初是在魚肝油裡被發現的。可是後來研究證明，我們人類只要曬太陽，就能獲得維他命 D。所以，既然維他命 D 不是源自於食物，它就不應當被歸類為維他命。事實上，不論是它的分子結構或是生理作用，維他命 D 的正確分類都應當是屬於「類固醇荷爾蒙」。

在人體裡自然合成的類固醇荷爾蒙大約有十種，而一般人最常聽到的，應該是男性荷爾蒙（睪固酮）和女性荷爾蒙（雌激素）。顧名思義，「類固醇」就是「類似固醇」，它們之所以會「類似固醇」，是因為分子結構都類似固醇。

固醇在我們身體裡，通過不同的生化反應後，會轉化成十幾種不同的類固醇荷爾蒙。譬如維他命 D 是從皮膚裡的 7- 脫氫膽固醇（7-dehydrocholesterol），經由陽光裡的紫外線照射，轉化而成的。類固醇的生理作用主要是由細胞裡的「類固醇受體」來媒介。每一種類固醇都有它自己特定的「類固醇受體」，譬如男性荷爾蒙受體、女性荷爾蒙受體、維他命 D 受體等等。

維他命 D 可以載舟，亦能覆舟

每一種類固醇和它特定的類固醇受體在細胞裡結合後，會進入細胞核，然後再與特定的基因結合，從而激活該基因。雖然維他命 D 最為人熟知的功能是促進骨骼發育，但事實上，維他命 D 受體存在於我們全身上下。也就是說，維他命 D 會作用在身體的各個部位，包括骨骼、心、腦、肝、腎、肺、胃、腸等等。所以，維他命 D 對健康的重要性，被認為是全面性而不可或缺的。但事實上，有「維他命 D 受體」並不表示維他命 D 就會帶給你好處。舉個例子，裸鼴鼠的腸子和腎臟有維他命 D 受體[5]。但是裸鼴鼠不但不需要維他命 D，而且還會因為被餵食維他命 D 而死翹翹[6]。

就人類而言，醫學界也都知道所有的類固醇都是既能載舟，也可覆舟。譬如，缺乏女性荷爾蒙會導致骨質疏鬆，但女性荷爾蒙也會誘發乳癌。大家也都聽過運動員因為服用男性荷爾蒙而被禁賽。男性荷爾蒙會促進生長的，不只是肌肉，而是還有攝護腺癌。同樣地，維他命 D 是維持健康所必需的，但它也會造成許許多多毛病，包括器官鈣化、心臟病及腎臟病等等。

額外補充荷爾蒙須付出代價

那我們到底該怎麼辦，才不會被「覆舟」呢？讀者應該知道男性荷爾蒙在三、四十歲之後就開始走下坡，女性荷爾蒙在停經期也會突然減少。也就是說，荷爾蒙的高低起伏是自然現象，只能怪歲月不饒人。

如果你不認老，想補充這些荷爾蒙，可能要付出很高的代價，包括得癌症，甚至賠上性命。那維他命 D 是否也是歲月不饒人？的確如此。隨著年紀增長，我們皮膚裡的 7- 脫氫膽固醇會減少。所以，在接受同樣陽光照射的條件下，老年人所能獲得的維他命 D 是遠不如年輕人。

那我們是否需要用吃的來彌補這歲月流失的維他命 D ？這個議題，在醫學界已經吵了五十多年，還是吵不出個結論。為什麼？因為很不幸地，絕大多數的「專家」一直把維他命 D 當成是維他命。如果他們能從荷爾蒙的角度來探討，那情況可能就不會如此複雜。

總之，在這 50 多年來，花了成千上億的研究經費，做了數百個臨床試驗，最後的結論是，「佝僂病」是維他命 D 補充劑唯一被證實有預防或治療效果的疾病。

林教授的科學養生筆記

· 所有的類固醇荷爾蒙都是既能載舟，也可覆舟。缺乏女性荷爾蒙會導致骨質疏鬆，但女性荷爾蒙也會誘發乳癌。男性荷爾蒙會促進生長的，不只是肌肉，還有攝護腺癌。維他命D是維持健康所必需的，但它也會造成器官鈣化、心臟病及腎臟病

· 吃補充劑來攝取維他命D，有可能會因為過量而造成中毒，但曬太陽攝取維他命D，則不可能會過量

· 目前，只有佝僂病是維他命D補充劑唯一被證實有預防或治療效果的疾病

酵素謊言何其多

#酵素、酶、胜肽、保健食品、水解酶

2018 年 4 月，有位台大相關科系的碩士畢業生，向我徵詢酵素保健品的看法。在討論中，她提到一個我很早就想寫，但一直猶豫著的議題。之所以猶豫，是因為這個議題所牽扯到的科學知識，較難解釋給一般大眾。這位讀者說，某家知名保健品公司將植物中營養成分以及酵素萃取出來製成飲品，而有一位藥劑師在他的網頁介紹此一產品，明著表示中立，暗著卻是在推銷。

其實，這種所謂的酵素飲料，在美國、日本、台灣，都是琳瑯滿目，而它們的廣告，不論是英文的還是中文的，更是讓人瞠目結舌。就拿讀者提到的那個品牌來說好了。在它的網頁所公佈的「原液內含酵素分析表」裡，所有生物界裡的六大類酵素全都被包括了，而其中的「氧化還原酶」這一類，還共蓋括了二十七種酶。酵素也叫做酶，共有六大類別，分別是氧化還原酶（Oxidoreductases），轉移酶（Transferases），水解酶（Hydrolases），解離（裂合）酶（Lyases），異構酶（Isomerases），連接（合成）酶（Ligases）。

絕大多數的口服酵素都沒有效果

「氧化還原酶」存在於生物細胞內，而也只有在細胞內，它們的功能才會影響到我們的生理健康。把它們放在飲料裡，喝進肚子，除了被消化液分解成氨基酸之外，是沒有任何生理功能的。

其他五大類酵素中的四大類，也都是存在於細胞內。把它們喝進肚子，也都是會被分解成氨基酸，也都是毫無任何生理功能。只有「水解酶」這一類的酶（例如鳳梨酵素和木瓜酵素），是在細胞外工作，算是勉強可以做為口服的藥劑或保健劑（納豆酶也是一種水解酶）。

但縱然如此，水解酶也通常是需要腸溶衣的保護（做成藥片），才能避免被胃酸破壞。請看 2017 年 8 月的一則新聞：「鳳梨酵素有抗發炎的效果，不少處方藥也有鳳梨酵素的成分。食藥署表示，這些口服藥品經特殊劑型設計，才可順利通過胃酸環境，於腸道中溶離後吸收並發揮療效。」[1]

大多數讀者可能不會注意到，我說「算是勉強可以做為口服的藥劑或保健劑」，是什麼用意，因為像鳳梨酵素這類「水解酶」，當被用於口服時，目前醫學界是採取一種「默許」的態度，因為此類酵素似乎有些功效，副作用也輕微，可是卻沒有人能合理解釋它們如何進入人體。畢竟，它們是蛋白質，所以是不可能通過腸道進入血液循環系統的。

紐西蘭梅西大學（Massey University）的消化生理學教授保羅・摩根（Paul Moughan），就在2014年發表的論文〈成年人的健康腸子是否可以吸收完整的胜肽〉[2]裡說：總體而言，我們得出的結論是，鮮少有明確的證據表明，除了二肽和三肽之外，飲食生物活性肽可以完整地穿過腸壁並以生理相關濃度進入肝門系統。

瑞典烏普薩拉大學（Uppsala University）的藥劑系教授波・阿圖桑（Per Artursson）也在2016年發表的文章中[3]表示：**醫藥界在經過了一百多年的努力之後，還是無法製作出一個可以被腸道吸收的胜肽藥品。也就是說，從植物中萃取出來的酵素放在飲料裡，是不可能有任何保健功能的。**那位幫「某某酵素飲料」做介紹的藥劑師，有這麼一說：「連續飲用快一個月，說有什麼差別！感覺不出來」。他的文章裡，只有這句話是值得相信的。

林教授的科學養生筆記

- 2014 年的論文結論：鮮少有明確的證據表明，除了二肽和三肽之外，飲食生物活性肽可以完整地穿過腸壁並以生理相關濃度進入肝門系統
- 從植物中萃取出來的酵素放在飲料裡喝進肚子，是不可能有任何保健功能的

抗氧化劑與自由基的爭議未解

#自由基、老化、維他命C、維他命E、抗氧化劑矛盾

顧名思義，抗氧化劑就是具有「抗氧化」能力的東西。在市面上銷售的抗氧化劑都屬於補充劑。它們的種類繁多，其中最常見的就是維他命 C、Beta- 胡蘿蔔素和維他命 E。Beta- 胡蘿蔔素是維他命 A 的前身，所以，維他命 C、Beta- 胡蘿蔔素和維他命 E 都既是維他命，也是抗氧化劑。

食物如果曝露於空氣中過久，就會被氧化，導致顏色變黑和味道變臭。所以，包裝的食品通常會加入抗氧化劑，來延緩食物被氧化。那，為什麼現在流行「吃」抗氧化劑來養生保健，難道它也能延緩我們變黑變臭？

抗氧化劑的故事需要追溯到 1950 年代，一位名叫鄧哈姆・哈曼（Denham Harman，1916 － 2014）的美國研究員，有一天突發奇想：啊，老化是因為 Free Radical 在作怪！ Free Radical 被翻譯成「自由基」，但翻譯成「自由激進份子」，似乎更恰當。

「自由基」是呼吸和代謝的副產品。它在哈曼的眼裡，就是個不折不扣的激進份子，到處亂竄並破壞。不論是脂肪、蛋白質還是 DNA，都會被它破壞，結果就是加速細胞老化和死亡。

沒錯，就像空氣中的氧會讓食物變壞一樣，自由基會催化我們變老。這個理論本來只是用來解釋老化，但漸漸地被擴展到可以解釋所有與老年有關的疾病，包括癌症、關節炎、心血管疾病、老人失憶症、糖尿病、性無能等等。

既然抗氧化劑能延緩食物氧化，把它拿來吃，是不是也能延緩我們老化？果然之後的許多實驗顯示，多食用蔬菜和水果的人，比較不會得老人病，壽命也較長。而蔬菜和水果都含有豐富的抗氧化劑，如維他命 C、維他命 E 和胡蘿蔔素。那吃得越多，不就會越健康長命嗎？自此，保健食品公司就開始呼籲大眾多吃抗氧化劑補充劑。

結果呢？ **2007 年發表的一篇大型分析研究[1]，總共分析了六十八個隨機臨床試驗，包括了二十三萬多位接受調查的參與者。結果發現，維他命 E 補充劑和胡蘿蔔素補充劑會增加 5% 的死亡率；維**

他命 C 補充劑既沒好處，也沒壞處。2012 年發表的另一篇報告[2]，把調查的臨床試驗增加到七十八個，接受調查的人數增加到近三十萬。得到的結論是跟 2007 年的一樣。不止是對影響壽命的調查，所有和老化有關疾病的調查，結果都顯示，抗氧化劑不但無益，反而有害。

更不可思議的是，所有的動物實驗都發現：自由基多的動物比自由基少的動物活得更久更健康。你也知道運動對健康有益，那運動是會增加自由基，還是減少？當然是增加。所以，自由基到底是好還是壞？

抗氧化劑矛盾

你如果到網路醫學圖書館（PubMed）搜尋有關抗氧化劑的文獻，會看到一篇又一篇的「抗氧化劑矛盾」（Antioxidant Paradox）。也就是說，醫學研究人員也都在問到底怎麼回事？

連通俗的科學雜誌《科學美國人》（Scientific American），也發表了一篇〈自由基老化理論是否已死〉[3]。老實說，沒有人知道，到底怎麼回事。但是，漸漸形成的共識是：自由基的確是有破壞性。而我們的身體為了避免被破壞，會加強防衛能力。而也就是這個升級的防衛能力，使得我們更健康，更長壽。可是，當我們吃大量的抗氧化劑，這些外來的援兵把自由基給中和掉，使得防衛系統無需升級，也就是說從此淪為永遠需要外力保護的軟腳蝦。這個理論可以合理地解釋「抗氧化劑矛盾」。不過，還需要實驗來證實。至於維他命補充劑的濫用與危害，已經不僅僅是理論或假設了，而是無可爭議的事實。

林教授的科學養生筆記

- 2007 年和 2012 年的大型報告都顯示，服用抗氧化劑補充劑不但對健康無益，還可能有害
- 抗氧化劑與自由基是好是壞的研究，目前尚未完全蓋棺論定，但維他命補充劑對人體有害，卻是無可爭議的事實

益生菌的吹捧與現實

#過敏、乳酸菌、腸道

2018年4月，讀者Sam Chen寫信給我，他說：長期閱讀林教授的文章，受益良多，非常感謝您好心的分享自身知識。不知道教授對於益生菌抗過敏或其他療效有何看法。我知道題目有點大，只想聽聽教授的見解，再次感謝。

益生菌無須額外補充

益生菌的英文是probiotics，不管是中文或是英文，顧名思義，就是對人有益的細菌。也因為如此，大多數人對益生菌存有好感。但事實上，在某些情況下，益生菌可能是有害的。例如，免疫力低的人可能會引發嚴重感染。還有，益生菌產品的良莠不齊，也值得擔憂的。不管如何，大多數人之所以會吃益生菌，是認為可以緩解一些消化上的毛病，例如便秘或腹瀉。

2017 年 6 月 25 日台北榮總的宋晏仁醫師有發表一篇文章，標題是「想調整體內菌相？與其買藥劑不如從飲食下手」，此文中寫到：「我並不主張要用補充的方式來獲得益生菌，而是應該想辦法利用天然食物，在我們的身體裡培養好菌、調整腸道『菌相』。」

所謂的「益菌元」指的是能夠促進益生菌生長的食物，也就是蔬菜和水果。所以儘管益生菌很重要，但並不需要做額外補充。根據一篇 2017 年發表的論文[1]，以下這些富含膳食纖維的蔬果水果都算是很好的益菌元，例如：番茄、香蕉、蘆筍、漿果、大蒜、洋蔥、菊苣、綠色蔬菜、豆類、燕麥、亞麻籽、大麥和小麥。原因是膳食纖維不會在小腸裡被消化，所以會進入大腸，成為益生菌的食物。順帶一提，很多人以為吃芹菜時感覺到的粗硬咬感或老硬菜梗，就是纖維，但其實那是維管束，也就是植物體內輸送水分及養分的管道。真正對健康有益的「膳食纖維」，是許多形狀不一，構成植物細胞壁的多醣類分子，肉眼看不到，也無法在咀嚼時感覺得到。事實上，富含膳食纖維的食物，很少是硬的或有纖維感的。根據美國農業部的資料，膳食纖維排行榜前幾名的食物，幾乎都是豆類。把這些豆子打成泥，你甚至於不用咬，就可以吃到很多膳食纖維。

宋晏仁醫師那篇文章也提到：「如果你能掌握正確的飲食配搭原則，就等於掌握住了所謂的『益菌元』（prebiotics）」。益菌元指的是能夠促進益生菌生長的食物，這些其實都在我們的『211 平衡餐盤』裡。所以儘管益生菌很重要，但並不需要做額外補充，假如你真的考慮額外補充一點益生菌，那麼我的建議是，千萬不要只用一個品牌、單一或少數菌種，否則長期下來，你的腸道菌反而又會偏向某些菌株，對腸道也不是健康的。」

益生菌抗過敏有風險

至於讀者想知道的「抗過敏」，則在益生菌的應用上屬於比較特殊的範疇。尤其是針對兒童的抗過敏效用，因為有一個醫學理論認為：1. 人類在成長過程中，需要接觸各種細菌，才能讓免疫系統健全。2. 免疫系統不健全，就會出現過敏。3. 現代人的環境太乾淨，以至於小孩子接觸細菌的機會不足，無法健全免疫系統。4. 把益生菌「植入」高風險的小孩，就可預防過敏。（所謂高風險，指的是小孩的父母或兄姐有過敏體質）

此一理論在一篇發表於 2001 年的臨床報告[2]，得到很重要的初步證實。在這項研究裡，有過敏家族史的孕婦在生產前服用 LGG 乳酸菌二到四週。然後，在嬰兒出生後，哺餵母乳者由母親繼續吃，而餵食配方奶者則由嬰兒自己吃，如此持續至嬰兒六個月大為止。結果顯示，服用乳酸菌的嬰兒在二歲前罹患異位性皮膚炎的機率降低 50%。

就因為這樣，這篇報告可以說是啟動了近二十年來整個「益生菌抗過敏」的商機和研究。不過，有一條在 2007 年發布的負面消息[3]，到現在還是鮮少人知。這條消息是，**上述的研究繼續追蹤受測試兒童至七歲，而其結果顯示，異位性皮膚炎的發生率的確是降低了三分之一，但是氣喘的機率卻增加三倍，而過敏性鼻炎的機率也增加二倍[2]。**

由於這項追蹤研究並非是正式發表，而是以「書信」（Letter to the Editor）發布，所以非但學術界不予重視，「益生菌抗過敏」市場也毫不受影響。不管如何，近二十年來有關「益生菌抗過敏」的研究，很少是有正面的結果。而也因為如此，這方面的專家們幾乎都是說，目前不建議用益生菌來預防過敏。關於更多益生菌與過敏的研究，有興趣的讀者可以參考書後的兩篇最新綜述論文[4]。

微生物群系不等於益生菌

在發表了益生菌和過敏的文章之後，我又收到讀者寄給我以下這段文字：「日本 NHK 最新醫療新知紀錄片《人體》的第四集『腸，擊退萬病，免疫機能的源頭』[5]節目主持人之一的山中伸彌教授（iPS細胞研究獲得諾貝爾獎得主）所說，人體腸道關於免疫學、細菌學、神經學以及各種罕見疾病的相關研究，無論病理、藥理與醫學如今都可稱是最熱門的研究領域，國際上每星期都有非常厲害的研究結果宣布，讓人目不暇給。」

我一面竊笑，一面回覆這位讀者：「是的。研究人員靠研究經費，當然有奶便是娘。問題是，研究有得到任何實際用途的結果嗎？」不久後，又收到另一位讀者回應：「運用一、腸道健康，二、提昇免疫力，三、抗超級菌，四、減少發炎反應，五、Etc，Pro/Prebiotics仍然有很多發展空間。」

很顯然，這兩位讀者都誤以為，他們口中的那個「厲害東西」，就是益生菌。事實上那個厲害東西叫做Microbiome。Microbiome是Microbe後面加個ome而形成的字。Microbe很簡單，就是微生物。但是ome就比較難翻譯。它是「整體、整組或整套」的意思。凡是生化名詞有個ome的尾巴，就表示它是研究整體某某東西的學問。而所謂整體某某東西，指的是一個生命體（通常指的是人）所包含的某某東西的全部。

例如Genome就是「基因的整體」，而Microbiome就是「微生物的整體」，可以翻譯為「微生物群系」。更詳細地說，微生物群系指的是，所有長在我們身上的微生物，包括在消化道裡的（口腔、胃腸）、鼻腔裡的、陰道裡的以及皮膚上的。而也就因為如此，微生物群系所涵蓋的，當然不會只是有益的微生物，所以當然也就不會只是益生菌。但很不幸的，由於微生物群系現在很熱門，所以有心人士就搭著這輛快速便車，鋪天蓋地地推銷起益生菌了。

更不幸的是，儘管是熱門研究議題，但微生物群系研究根本就還沒有創造出任何一個有療效的產品。但媒體卻已經鋪天蓋地地吹噓，誤導大眾相信微生物群系是即將降世的救主。（例如那個「腸，擊退萬病，免疫機能的源頭」影片就是典型的超級誇大）

事實上，有幾位這方面的專家呼籲大家不要對微生物群系研究有過分的期待。例如，2017 年 12 月發表的論文〈人類微生物群系：機會還是炒作？〉[6]，就用這麼一句話做結尾：「就如其他已經深刻改變人類健康的領域一樣，這個旅程不太可能會是個衝刺，而是個馬拉松。」不管是短跑還是馬拉松，我可以跟讀者保證，微生物群系絕不會成為你我的救主，而益生菌也絕不會讓你我萬病俱除。

最新研究：益生菌可能有害

2018 年 9 月 6 號，有兩篇最新發表的研究論文對益生菌之使用提出警告。它們出自同一研究團隊，也同時發表在世界頂尖的生醫期刊《細胞》(Cell)。

第一篇論文的標題是〈個人化腸道粘膜定植對經驗益生菌的抗性與獨特的宿主和微生物群特徵相關聯〉[7]。這個研究是要探討(1)吃進去的益生菌是否植入腸道，(2)什麼因素決定益生菌是否植入腸道。

過去曾有許多研究探討過，吃進去的益生菌最終是否會成為腸道細菌。但是，它們所使用的方法是間接性的糞便分析。也就是說，如果發現糞便裡有某一種益生菌，就認為該益生菌已植入腸道。但是，這樣的解讀是有問題的。畢竟，糞便裡的細菌是被排出來的，而不見得已經植入腸道。

所以，這個新的研究便採取一個比較困難但比較可靠的實驗方法，那就是，用內視鏡進入腸道採取細菌樣本。在該研究中，十九名志願者先是服用了由十一種最常見的菌株所組成的益生菌。然後，他們接受腸道細菌採樣。結果，只有三名志願者有著明顯的益生菌植入腸道，另外有五名志願者有著微量的植入，而剩下的十一名志願者則完全沒有益生菌植入腸道。

進一步的分析發現，有兩個因素決定益生菌是否會植入腸道：一、個人的免疫系統，二、個人腸道裡原已存在的微生物生態。有些人的免疫反應過度活躍，他們的腸道就無法接受外來的細菌，而有些人的腸道裡早已存在著會排斥外來細菌的微生物生態。這兩類人佔了約 84%。也就是說，八成以上的人，縱然吃了益生菌，也幾乎是等於沒吃。當然，由於這個研究的樣品量太小（十九人），確切的人數比例還有待進一步研究。但是，「八成以上」畢竟是個相當大的數字，所以應當是已經值得警惕。

第二篇論文的標題是〈使用抗生素後腸粘膜微生物重建受到益生菌破壞但受到自體糞便微生物移植改善〉[8]（補充：FMT 是「糞便微生物移植」（Fecal Microbiome Transplantation。Autologous FMT 是「自體糞便微生物移植」，即服用分離自本人糞便的微生物）

大多數讀者應該知道服用抗生素會擾亂腸道的微生物生態，所以有些專家就建議，病人在服用抗生素後，需要服用益生菌來重建腸道微生物生態。但這樣的建議是出自推理，而非根據實驗數據。

所以，這項新的研究就是要探討，**服用益生菌是否真的能幫助重建腸道微生物生態。結果是，不論是用老鼠或人做實驗，服用益生菌反而會延緩腸道微生物生態之重建。**相對地，服用「自體糞便微生物」則可以快速重建腸道微生物生態。益生菌雖然會暫時植入腸道，但卻無法建立永久據點。也就是說，儘管益生菌會趁虛而入，但最終還是不能生根落地。

這樣的結果是與第一篇研究論文的結論不謀而合。也就是說，每個人有他獨特的腸道微生物生態，而這個生態是很難被取代的。我們可以把腸道微生物想像成一個部落。當它被外族（益生菌）入侵時，就會抵抗，而在被敵人（抗生素）屠殺後，也會重生。但是，重生必須靠自己。外族（益生菌）非但不能幫忙，反而會干擾。就部落的宿主（人）而言，在正常情況下，吃了益生菌，幾乎是等於沒吃，而在生病的情況下（服用抗生素），吃了益生菌，可能反而有害。

林教授的科學養生筆記

- 能夠促進益生菌生長的食物，也就是蔬菜和水果。所以儘管益生菌很重要，但並不需要做額外補充
- 近二十年來有關「益生菌抗過敏」的研究，很少有正面的結果。也因為如此，這方面的專家們幾乎都是說，目前不建議用益生菌來預防過敏
- 在正常情況下，吃了益生菌，幾乎是等於沒吃；而在生病的情況下（服用抗生素），吃了益生菌，可能反而有害

戳破胜肽的神話

內容農場的獲利模式

讀者傳來一篇「肽——諾貝爾獎傳奇」的文章，它是 2017 年 7 月發表於「每日頭條」，作者是「創業達人」。我先解釋「每日頭條」是啥東西。「每日頭條」是一個內容農場。內容農場的作為和獲利模式，在知名的資訊網站「蘋果仁」上的這兩篇文章，已經解釋得很詳細，節錄如下[1]：

根據維基百科的定義，內容農場是：以取得網路流量為主要目標，圖謀網路廣告等商業利益的網站或網路公司。內容農場用各種合法、非法之手段大量、快速的生產品質不穩定的網路文章，會針對熱門搜尋關鍵字用人工或機器製造大量網站內容的手法欺騙搜尋引擎，使他們製造的網頁能夠優先出現在搜尋結果的前段而提高點閱率、以及滿足客戶搜尋引擎最佳化需求。

具體來說，農場是一個由平台、撰文者及導流者組成的生態系，由撰文者寫（或抄）文，並由導流者負責將內容散播出去，藉此獲得點擊以賺取收益；由於點擊數是他們最重要的 KPI（關鍵績效指標，Key Performance Indicators），因此網賺型農場經常以聳動的標題及不實的內容欺騙網友點擊，這也是讓一般人痛恨農場文的原因，因為點進文章之後，經常有種受騙上當的感覺。

除了「每日頭條」之外，台灣還有另一家大咖內容農場，那就是「壹讀」。由於它們大量生產的「內容」總是優先出現在搜尋結果，又經常透過臉書或 LINE 到處散播，所以我幾乎天天都會誤入這兩個「農場」，見識過各式各樣的精靈鬼怪、蛇蠍蟲蟻。還好，四十多年科學研究的勞心勞力，早已練就一身金鐘罩鐵布衫，最後總是得以全身而退（不過為了要破解還是被騙了點擊數，讓他們賺到錢）。

口服胜肽沒有功效

好，我們現在來看「肽——諾貝爾獎傳奇」這篇文章。肽，也叫做胜肽（peptide），是由胺基酸所組成的鏈條（小型的蛋白質）。網路上可以看到一大堆胜肽的保健品。但**就像蛋白質一樣，胜肽一旦進入小腸，就會被分解成胺基酸，而失去功效。**

所有醫療用的胜肽，例如胰島素，都只能經由非腸道路線進入人體，例如皮下或靜脈注射，才能發揮功效。這篇文章提到的，所謂的諾貝爾獎得主（有真有假），是有做過胜肽的研究。但是，他們絕對沒有做過口服胜肽的研究。

事實上，醫藥界在經過了一百多年的努力之後，還是無法製作出一個可以被腸道吸收的胜肽藥品。目前市面上的胜肽製劑都是屬於補充劑。所謂補充劑，就是無需經過 FDA 的功效證明，只要吃了死不了就好了。

正確理解 FDA 認證

前面提到了 FDA 認證，曾有一位讀者提姆詢問我關於 FDA 的事情，他的信是這麼寫的：「台灣的直銷業一直都很興盛，無奈這些業者大多遊走法律邊緣，不受到食品與藥物相關規範。之前因為家人緣故，去了解幾家業者在世界各地推廣的情形，尤其我發現美國 FDA 似乎也未積極介入檢驗這些營養品和控管直銷業。以致於台灣許多業者都藉此漏洞，用話術迷惑一般民眾，聲稱這些產品皆受到FDA的核准。但其實無論有無受到FDA檢驗，許多營養品號稱擁有的效用與功能，都禁不起最基本的科學驗證。由衷希望教授能繼續為大家解惑，也要再度感謝教授撥冗為大家闢謠！」

FDA是美國食品藥物管理局（Food and Drug Administration）的簡稱，是美國衛生及公共服務部直轄的聯邦政府機構，凡是美國境內生產及進口的各種食品、補充劑、藥物、疫苗、醫療設備、放射性設備和化妝品等等，都是歸屬於FDA管理的範圍。（台灣相對的機構則是「衛生福利部食品藥物管理署」，簡稱食藥署，縮寫也是FDA。）

提姆問：「美國FDA似乎也未積極介入檢驗這些營養品和控管直銷業。」沒錯，美國FDA一向不會積極介入，因為這不是它的權責。美國FDA曾公佈一篇文章，標題是：它真的是「FDA批准的」？[2]

在這篇文章的一開始，FDA就說並非所有與民眾健康有關的產品都需要「先核准，後上市」。**在很多情況下，FDA的控管是發生在上市後。例如營養品和補充劑，都無需售前核准。只要這些產品沒有對大眾造成健康危害，FDA就不會過問。但先決條件是，這些產品不得聲稱有「治療」功效。**

「治療」屬於藥品的範疇，而藥品一定要先核准才能上市，這也是為什麼會有提姆所說的「業者大多遊走法律邊緣」。這些業者很聰明，不會在產品包裝上標明有治療功效，但會在各種媒體上（臉書以及各式「健康」網站），鋪天蓋地地聲稱產品有治療功效（例如苦瓜胜肽）。由於這些聲稱是用匿名或假名發布的，所以FDA（美國的或台灣的）也就無從追究。在台灣，我還看到電視廣告裡用「搞定」這個詞來暗示（蒙混）療效，真是當之有愧的台灣之光。

還有甚者，例如「扁康丸」（Pyunkang-Hwan）還吃 FDA 的豆腐。在扁康丸的中文官方網站裡有一張圖片，上面的文字是「獲得FDA 認可」。可是，它卻沒有說到底是認可做什麼。絕大多數讀者都應該以為是獲得 FDA 認可療效吧，但到扁康丸的英文官方網站才會看到，是認可為「無毒食品」[3]。也就是說，吃了死不了。至於有無療效，只能聽天由命吧。

總之，**對於各種無奇不有的保健品和營養品，政府所能做的控管非常有限，甚至可以說是有意地睜一隻眼閉一隻眼。畢竟，這些產品既能創造就業，又可增加稅收，政府何樂而不為呢？**至於買這些產品的人是自願的，所以花了冤枉錢只能怪自己（或者說是捐錢行善吧）。也就是說，這些產品只要沒有造成食安事件，就能合法地騙錢。

所以提姆先生，很抱歉，不管我寫再多文章為讀者解惑闢謠，我可以保證，直銷保健食品業還是會繼續大賺其錢。在浩瀚的網路世界裡，我這個網站頂多也就只是滄海一粟。而要與保健品的行銷技倆對抗，一個人所能做的實在是杯水車薪。或許唯一有效的方法是，看了我的網站和書的朋友，可以一起盡力把正確的觀念傳遞給身邊的朋友。

林教授的科學養生筆記

- 在網路上閱讀文章，記得先辨明是否出自靠點閱率（而非可信度）賺錢的「內容農場」
- 胜肽，是由胺基酸所組成的小型蛋白質。號稱胜肽的保健品，就像蛋白質一樣，一旦進入小腸，就會被分解成胺基酸，而失去功效；醫療用的胜肽只能經由非腸道路線進入人體，例如皮下或靜脈注射，才能發揮功效
- 營養品和補充劑，都無需 FDA 售前核准。只要產品沒有對大眾造成健康危害，FDA 就不會過問。但先決條件是，這些產品不得聲稱有「治療」功效

魚油補充劑的最新研究

#心臟病、中風、Omega-3、汞中毒

2018年5月8號的美國醫學會期刊（JAMA）刊載一篇有關魚油補充劑的報導，標題是〈魚油補充劑的棺材再添一根釘〉（Another Nail in the Coffin for Fish Oil Supplements）[1]。這篇文章主要在說，又有一個大型臨床分析發現魚油補充劑並不是像大家常聽到的那樣，能降低心血管疾病風險。這個大型臨床分析報告發表於2018年3月的《JAMA心臟學》（JAMA Cardiology），標題是〈Omega-3脂肪酸補充劑與心血管疾病風險的關聯：涵蓋77917人的十項試驗的薈萃分析〉[2]。

從標題就可看出，分析報告所檢視的是Omega-3補充劑，而非魚油補充劑。但因為Omega-3補充劑通常就是魚油補充劑，所以，我們就順著JAMA那篇文章，用「魚油補充劑」這個名稱來討論吧。

魚油「補充劑」對建康有害

這份分析報告檢視了涵蓋 77,917 人的十個臨床試驗的資料。其結論是，這一薈萃分析表明，Omega-3 脂肪酸與致命或非致命性冠心病或任何主要血管事件無顯著相關性。它不支持目前有關在冠心病史的人群中使用此類補充劑的建議。

事實上，類似的結論已經出現過數次，包括：2012 年的論文〈Omega-3 脂肪酸補充與主要心血管疾病事件風險之間的關聯〉[3]、2012 年的論文〈Omega-3 脂肪酸補充劑（二十碳五烯酸和二十二碳六烯酸）在心血管疾病二級預防中的功效：隨機、雙盲、安慰劑對照試驗的薈萃分析〉[4]、2016 年的〈Omega-3 脂肪酸和心血管疾病：更新的系統性評價〉[5]。

所以，這就是為什麼 JAMA 那篇文章的標題會是「魚油補充劑的棺材再添一根釘」。那，為什麼是再添一根釘，而不是最後一根釘呢？因為，目前還有四個魚油補充劑的臨床試驗正在進行。也就是說，至少還要再釘進四根釘子，才能蓋棺論定。

但是，不管是再添一根釘還是最後一根釘，其實都不重要。真正重要的是，**醫學界早就確認，來自食物的 Omega-3 對健康是有**

益的。也就是說，就對健康的好處而言，來自餐盤的 Omega-3 是充滿活力，而來自藥罐的 Omega-3 則是瀕臨死亡。所以，如果您平常就有吃富含 Omega-3 魚的習慣，就不用在乎魚油補充劑是否即將壽終正寢。

安全又富含 Omega-3 的食用魚選擇

那麼，該如何在日常飲食中選擇富含 Omega-3 的魚類呢？首先，很多人也關心魚類所含的重金屬問題，所謂跟吃魚有關的重金屬，就是汞。美國 FDA 有提供一個非常詳盡的海鮮類含汞量的表格[6]。只不過，這個表格太過複雜。所以，我再提供一個很容易理解的圖表，右頁將含汞量分成四個等級，最低的那一級共包括了三十種海鮮。所以，要降低吃到汞的風險，並不困難。那，這三十種海鮮裡有含高量 Omega-3 的嗎？有的，如鮭魚、鯖魚、沙丁魚及鯡魚。有關 Omega-3 含量的詳細海鮮種類，請參考書後附錄中「常見海鮮的 Omega-3 含量」[7]。其中所提到的鮭魚、鯖魚、沙丁魚及鯡魚，都是很容易買得到的，價格也還好。所以，想要攝取足夠的 Omega-3，又不用擔心汞污染，其實並不困難。

海鮮含汞分級表

常見魚類含汞量分級		
含汞量最低：		
鯷魚（Anchovies）	小龍蝦（Crawfish/Crayfish）	吳郭魚（Tilapia）
蟹（Crab）	鱈魚（Hake）	鯰魚（Catfish）
大西洋黑線鱈（Haddock, Atlantic)	鯔魚（Mullet）	鯡魚（Herring）
北大西洋鯖魚（Mackerel, N Atlantic, Chub）	高眼鰈（Plaice）	牡蠣（Oyster）
海水鱸魚（Perch, Ocean）	新鮮鮭魚（Salmon, Fresh）	鱈魚（Pollock）
罐裝鮭魚（Salmon, Canned）	美洲西鯡／美國鰣魚（Shad, American）	沙丁魚（Sardine）
扇貝（Scallop）	烏賊（Squid）	蝦（Shrimp）
太平洋比目魚（Sole, Pacific）	沙鮻（Whiting）	淡水鱒魚（Trout, Fresh）
白魚（Whitefish）	蛤（Clam）	大西洋石首魚（Croaker, Atlantic)
鯧魚（Butterfish）	比目魚（flounder）	
含汞量中等：建議每月避免食用超過六次		
黑線鱸魚（Bass, Striped, Black）	鯉魚（Carp）	阿拉斯加鱈魚（Cod Alaskan）
太平洋白姑魚（Croaker, White Pacific）	太平洋大比目魚（Halibut, Pacific）	銀漢魚（Jacksmelt, Silverside）
龍蝦（Lobster）	鬼頭刀（Mahi-Mahi）	鮟鱇魚（Monkfish）
淡水鱸魚（Perch, Fresh）	銀鱈魚（sablefish）	鰩魚（Skate）
鯛魚（Snapper）	罐裝鮪魚（Tuna, Canned chunk light）	正鰹鮪魚（Tuna, Skipjack）
石首魚／海鱒魚（Weakfish, Sea Trout）	大西洋大比目魚（Halibut, Atlantic）	
高含汞量：建議每月避免食用超過三次		
鯥魚（Bluefish）	石斑魚（Grouper）	馬鮫魚（Mackerel, Spanish, Gulf）
智利海鱸魚（Sea Bass, Chilean）	罐裝長鰭鮪魚（Tuna, Canned Albacore）	黃鰭鮪魚（Tuna, Yellowfin）
最高含汞量：建議避免食用		
國王鯖魚（Mackerel, King）	旗魚（Marlin）	橙棘鯛 （Orange Roughy）
鯊魚（Shark）	劍旗魚（Swordfish）	馬頭魚／甘鯛（Tilefish）
大目鮪魚（Tuna, Bigeye, Ahi）		

資料來源：Natural Resources Defense Council

林教授的科學養生筆記

- 醫學界已經確認來自餐盤的 Omega-3 對於健康有正面的好處，而來自藥罐的 Omega-3 則是不建議使用
- 鮭魚、鯖魚、沙丁魚及鯡魚等等，都是含汞量低又含高量 Omega-3 的優質海鮮食材

膠原蛋白之迷思（上）

#蛋白質、養顏美容、氨基酸、植物膠質、關節炎

電視裡的新聞、飲食及保健節目，三不五時就會有「這道菜有豐富的膠原蛋白，可以護膚養顏，讓你青春永駐」一類的講評。網路上，膠原蛋白保健品的廣告更是多到幾個月都看不完。很顯然地，絕大多數的人相信吃膠原蛋白是有益肌膚。這一個事實的認知，實在讓我感到非常沮喪。我們的生物教育怎麼會這麼失敗。失敗到多數民眾居然連「蛋白質會被消化分解」的基本生物常識都沒有。

吃的和抹的膠原蛋白無法養顏美容

不過，沮喪歸沮喪，該做的還是要做，能開導幾個算幾個。除了幾個非常特殊，可能還具有爭議性的案例之外（譬如鳳梨酵素），所有的蛋白質一旦進入我們的胃腸，就會被分解成氨基酸。

這些氨基酸在腸道被吸收後，由血液運送到全身各個細胞，然後根據每一個細胞個別的需要，被重新組合成新的蛋白質（譬如血紅素）。這些新合成的蛋白質，跟你原先吃的蛋白質（譬如膠原蛋白）毫無關係。也就是說，**你吃的膠原蛋白，不管是來自豬皮還是補充劑，它們最後都不會變成，也不會增加你皮膚上的膠原蛋白。**

還有，來自不同種（譬如豬）的蛋白質，是具有抗原性的，會引起過敏反應。尤其是如果進入血液，更可能會引發休克和死亡。所以，我們的腸道把外來的蛋白質消化分解，除了能提供氨基酸外，也可保障它們不會引發過敏反應。但不管如何，吃再多的膠原蛋白也不會讓你的皮膚更漂亮。

那抹在皮膚上的膠原蛋白護膚品有效嗎？膠原蛋白是大分子的蛋白質，所以，它無法滲透皮膚，變成使用者皮膚的一部分。它也許有覆蓋作用，能減緩水分蒸發，保持皮膚濕潤。

總之，**蛋白質、多醣、脂肪、DNA 都是大分子，它們進入胃腸後都會被分解成小分子（氨基酸、葡萄糖、脂肪酸、核苷酸）。所以，不管這些大分子原先有什麼神奇功能，一旦被吃進肚子消化**

後，就不再有任何作用。讀者只要認清這一點，就不用花冤枉錢買一大堆毫無用處的東西。

膠原蛋白可能是最差的蛋白質

有讀者問我一篇「元氣網」的文章，標題是「木耳沒有膠原蛋白，別再傻傻分不清」[1]，他想問的是真的有所謂的植物性膠原蛋白嗎？這篇文章雖有一些瑕疵，但整體而言是正確的，膠原蛋白的確只存在動物組織中。網路上是可以看到幾篇有關「植物膠原蛋白」（Plant collagen）的文章，但它們大多會說，植物並不真的含有膠原蛋白，所謂的植物膠原蛋白其實是某些植物（如木耳)所含有的「膠質」。

但很不幸的是，這些文章還是一樣，大多認為攝取膠原蛋白能美白肌膚，返老還童等等。更不可思議的是，有好幾位教授和營養師還參與傳遞這類錯誤資訊。有關膠原蛋白的迷思，再次強調重點如下：

1. 任何蛋白質，包括膠原蛋白，一旦進入腸道，就會被分解成氨基酸，而這些氨基酸會被重新組合成各式各樣的蛋白質。這些蛋白質與原來被吃進肚子的蛋白質（膠原蛋白），毫不相干。

2. 不管是變成什麼蛋白質，由於是隨機分配的，它們的量都不可能會高到足以有任何生理作用。所以，在電視節目裡大談吃膠原蛋白能護膚美白的人，是會被內行人笑掉大牙的。

3. 由於膠原蛋白缺乏了人體所必需的氨基酸「色氨酸」（Tryptophan），所以被定位為「不完全蛋白質」。更糟糕的是，膠原蛋白所含的氨基酸，90% 是屬於「非必需氨基酸」，是一種「低營養價值蛋白質」。從營養價值的角度來看，膠原蛋白可能是所有蛋白質中的最後一名。

剛剛提到的「植物膠質」跟膠原蛋白大不相同，因為它根本連蛋白質都不是。它實際上是碳水化合物（醣類）。但儘管沒有真正的「植物膠原蛋白」，卻有兩種蛋白質可以勉強算是。第一種是用小麥蛋白質加工製成的「仿製品」，不過，它的氨基酸成分和結構與真正的膠原蛋白，還有很大的距離[2]。第二種是將人的膠原蛋白基因轉入植物（煙草），從而可以大量生產幾可亂真的膠原蛋白[3]。

但這兩種所謂的「植物膠原蛋白」，如果被吃進肚子，還是會被分解成氨基酸，一樣不會有任何醫美功效。所以，你永遠不可能因為吃了膠原蛋白（不管是動物的還是植物的）而變得 Q 彈美白，青春永駐。

二型膠原蛋白治療關節炎也是迷思

講完了膠原蛋白和美容的迷思，接下來說說同樣深入人心的膠原蛋白和關節炎的關聯。今年和一位十多年前一起在舊金山灣區打拼合唱音樂的好友共進晚餐聊天時，她說自己現在膝蓋會有聲音，爬樓梯也會痛，台灣的醫生叫她要吃二型膠原蛋白。我問她幾個問題後，結論是請她趕快換醫生。

「二型」，聽起來是不是很有學問，所以「二型膠原蛋白」肯定是仙丹神藥吧？果不其然，至少有兩位台灣的藥師發表文章，說得天花亂墜，煞有其事，還說是有美國 FDA 認證可以證明療效。（請注意，如真有療效，就不會只是被歸類為保健品）

問題是，他們寫文章的動機，是關心您嘎嘎做聲的膝蓋，還是要討好自己合不攏嘴的荷包。想知道答案，您可以從以下這則新聞略窺一二。2018 年 3 月 7 日蘋果日報的新聞裡有這麼一句話：「甘味人生鍵力膠原」因廣告提及保護膝蓋，涉誇大不實的五官臟器違規字句，去年挨罰四十七次、共二十九萬元。」[4]

我已經在本文的前面破解了膠原蛋白各種Q彈美白和延年益壽等等說不盡的好處。但您大概不知道，它是被歸類為一型膠原蛋白，也是人體最主要（九成），而且到處都有（尤其是皮下）的膠原蛋白。

二型膠原蛋白則少得多，而且只存在於軟骨。它是軟骨裡主要的蛋白質（五成），也是最主要的膠原蛋白（九成）。而就因為這個與軟骨密不可分的特性，使得二型膠原蛋白成為被覬覦的對象，變身治療關節炎的神藥。

我在自己網站已經發表了十幾篇有關膠原蛋白的文章，一再強調口服的膠原蛋白會在胃腸裡被分解成氨基酸，不可能變成你皮下的膠原蛋白。想研發二型膠原蛋白成為治療關節炎藥的人，也知道口服的二型膠原蛋白是絕無可能變成膝蓋的膠原蛋白。所以，他們就提出一個破天荒的假設，說口服的二型膠原蛋白（分離自雞胸軟骨），就好像口服「逆向疫苗」一樣，可以引發免疫系統對二型膠原蛋白的「耐性」。如此，你膝蓋的二型膠原蛋白就不會被破壞。

我從事醫學研究四十多年，擔任六十幾家醫學期刊的評審，見識過千奇百怪的假設。但是，當我看到這個「逆向疫苗」的假設時，還是不禁雙膝落地，直呼神人。當然，做為一個關節炎病患，您是不會在乎醫學理論的真真假假。您唯一想知道的是有效無效。目前相關的研究報告共有十二篇，有治療人的，也有治療馬跟狗的。其中的臨床試驗都是說有效。但是，請先別高興，它們可都是出自同一研發團隊，或是由同一生產商資助。所以，您還是自己衡量衡量吧。

網路上的相關文章，不管是中文還是英文的，全是一面倒地說有效。唯一的例外是 WebMD（最大的醫療資訊網站）。它說二型膠原蛋白的療效是未被證實的[5]。

我問這位台灣朋友，醫生是不是賣她二型膠原蛋白，她說不是，我再問是在哪買的，她說是醫院隔壁的藥房。啊，隔壁的藥房，還真方便。最後我問有效嗎？她說，有效的話，幹嘛還抱怨叫苦。

補充說明：二型膠原蛋白的產品叫做 UC-II。U 是 Undenatured，在台灣和日本被翻成「非變性」，C 是 Collagen，II 是 type II（二型）。由於 UC-II 是源自雞胸軟骨，為了打入素食市場，竟然也有素食版本。但是，除了在罐子上寫著素食之外，到底有什麼辦法可以把雞胸軟骨變成素食？

林教授的科學養生筆記

- 吃的膠原蛋白，不管是來自豬皮還是補充劑，最後都不會變成，也不會增加皮膚上的膠原蛋白
- 抹在皮膚上的膠原蛋白護膚品是大分子的蛋白質，所以無法滲透皮膚，變成使用者皮膚的一部分。但它也許有覆蓋作用，能減緩水分蒸發，保持皮膚濕潤。
- 膠原蛋白缺乏人體必需的氨基酸「色氨酸」，且膠原蛋白所含的氨基酸，90% 屬於「非必需氨基酸」。從營養價值的角度來看，膠原蛋白可能是所有蛋白質中的最後一名。
- 所謂的植物性膠原蛋白其實是「植物膠質」，是碳水化合物（醣類），而非膠原蛋白
- 口服的膠原蛋白會在胃腸裡被分解成氨基酸，不可能變成你皮下的膠原蛋白，所以，口服的二型膠原蛋白是絕無可能變成膝蓋的膠原蛋白

膠原蛋白之迷思（下）

#阿膠、驢皮、豬皮、膠原蛋白、優質蛋白

2017 年 7 月，好友寄來一篇《世界日報》的報導，標題是「中國鬧驢荒，美媒示警阿膠貿易釀災」，我把報導裡的兩段拷貝如下：

美媒報導，中國大陸三十年前還有一千一百萬頭驢，當時還是世界第一養驢大國，目前卻驟降到不足六百萬頭，鬧驢荒的原因可能是阿膠需求量持續飆升。阿膠是由驢皮熬製而成的一種傳統藥材。由於驢的需求大，總部設在美國德克薩斯州野馬自由聯合會（Wild Horse Freedom Federation）表示，美國有大量的野驢被非法運到墨西哥進行屠宰，然後再賣到中國大陸。

看完這篇文章後，我用驢皮（donkey skin）做搜索，還真的看到一大堆英文媒體報導。例如，2017 年 6 月 14 日《新聞週刊》（Newsweek）的「中醫正使用驢皮加強性慾——以及非洲動物面臨危險」[1]。報導說：阿膠每公斤可以賣到三百八十二美元，而在西非國家布吉納法索，一頭驢的售價已經從 2014 年的七十六美元上升到 2016 年的一百三十七美元。為了避免絕種，目前已有四個非洲國家以及巴基斯坦禁止出口驢。

那為什麼是驢皮，難道豬皮不可以嗎？我又用「驢皮豬皮」做搜索。結果，沒有找到答案，但卻看到一篇 2016 年 1 月 27 日蘋果日報的「廉價馬皮豬皮充驢皮，內地四成阿膠屬假貨」。節錄如下：

> 近日寒流來襲正是進補好時節，而由驢皮熬製的阿膠，一向被傳統中醫指為「補血聖品」，儘管價格昂貴卻深受民眾歡迎。然而近日有內地業內人士估算，國內現時有近四成阿膠為混有包括馬皮、騾皮、豬皮，甚至工業用皮等假冒原料的偽劣品，堂而皇之在市場售賣時，成本更可大減十倍以上，且連專家也難以鑑定真假。

另外一篇 2017 年 4 月 17 日的文章「天價阿膠竟不如雞蛋牛奶？六種食物補血完勝阿膠」。其中的重點是：

傳統的阿膠是用驢皮熬製的。但不管用什麼熬製，它的主要的成分還是不變的，主要成分就是膠原蛋白，其實不管用驢皮也好，馬皮、豬皮也好，成分都是膠原蛋白。膠原蛋白吃下去被消化後轉化成氨基酸被人體吸收，所以吃阿膠主要就是補充蛋白質，只不過要花天價來補充，並且吃阿膠補充蛋白質和吃瘦肉、吃雞蛋、喝牛奶差不多，甚至還要更差。

瘦肉、雞蛋，牛奶蛋白質是優質完全的蛋白，含有人體必須的各種氨基酸，而阿膠並不是完全的蛋白質，人體必須的氨基酸有兩種它是沒有的，可以說是一種劣質的蛋白質，所以吃阿膠從營養的角度來說，還不如去吃雞蛋、喝牛奶，吃肉。

其實，這三段重點裡的真正重點是：膠原蛋白吃下去被消化後轉化成氨基酸。上禮拜有位有科學博士學位的朋友拜託我寫一篇關於膠原蛋白的文章。很顯然，她已經快被「膠原蛋白養顏美容」逼瘋了。

我跟她說：「我已經寫過了。」

她面有急色地說：「還要再寫。」

我說：「算了吧。對牛彈琴跟對驢彈琴，都差不多。」

林教授的科學養生筆記

· 吃昂貴的阿膠等膠原蛋白食物來補充蛋白質，效果和吃瘦肉、雞蛋、牛奶差不多，甚至更差，不僅白花大錢，還會害得驢兒陷入絕種危機

· 新聞報導市售阿膠多混有馬皮、騾皮、豬皮，甚至工業用皮等假冒原料，消費者並無法確定自己買到的產品品質

維骨力，有效嗎？

#葡萄糖胺、關節炎、膝蓋、健保

2018 年 5 月，一位多年好友請我共進晚餐，賓客中有一位是骨科醫師。閒聊中有人問醫師，維骨力到底有效沒效，而他的答案是「看你問什麼人」。更讓我詫異的是，他還說，台灣健保給付維骨力。

這麼巧，隔天我到出版社商討出書事宜，主編跟我說：「教授，您寫了這麼多有關保健品的文章，可是怎麼就是沒有維骨力？有好多人在用，也有好多人在問。」其實，十幾年前就有好幾位親友問我維骨力到底有效沒效，而我通常是說它「的確有」安慰劑的效用。至於我為什麼沒有發表文章，那是因為，在我的網站成立後，還沒有讀者問我。既然現在有人正式問了，我就寫了以下這篇文章。

維骨力的主要成分是「葡萄糖胺硫酸鹽」（glucosamine sulfate，

以下簡稱 GS），而它的最主要用途是緩解關節炎疼痛。在 2006 年，世界排名第一的醫學期刊《新英格蘭醫學期刊》（New England Journal of Medicine）刊載了一篇相關的臨床報告，標題是〈葡萄糖胺、軟骨素硫酸鹽，以及兩種合併用於膝關節疼痛〉[1]。

這篇報告的結論是：GS 對於膝關節疼痛之緩解，沒有好過安慰劑。可是，很顯然地，這篇報告並沒有影響到 GS 的暢銷。很多醫生還是鼓勵病患服用，而台灣的健保局還很不尋常地給這麼一個被定位為「保健品」的藥買單。

相關的臨床試驗還是繼續進行，而正反兩方還是你來我往，爭得面紅耳赤。所以，就如晚餐裡那位骨科醫師所說，「看你問什麼人」。不過，就最新的醫學論文而言，反面的一方是遠遠贏過正面的。這是因為，在 2017 年發表的兩篇大型分析報告都認為 GS 無效，一篇是〈葡萄糖胺對關節炎有效嗎？〉[2]，結論：目前還不清楚葡萄糖胺是否能減少疼痛或改善骨關節炎的功能，因為證據的確定性非常低。另外一篇是〈亞組分析口服葡萄糖胺用於膝關節炎和髖關節炎的有效性：來自 OA 試驗庫的系統評價和個體患者數據薈萃分析〉[3]。結論：目前沒有好的證據支持葡萄糖胺用於髖關節炎或膝關節炎。

所以，如果硬是要我給一個明確的答案，我還是會說，維骨力沒有好過安慰劑。補充說明：台灣健保局從 2018 年起已經停止給付維骨力。

維骨力文章後續，廠商抗議事件

我發表前面這篇文章一個禮拜後（2018 年 6 月 7 日），「元氣網」寄來電郵，內容這麼說：林教授您好，日前在元氣網刊登您談維骨力的文章〈維骨力，有效嗎？〉，事後維骨力廠商來函，指出有些許解讀錯誤，像是將硫酸鹽葡萄糖胺及鹽酸鹽葡萄糖胺混為一談，並將取消健保給付此事與沒有療效畫上等號。對此維骨力廠商還有刊登聲明稿[4]。依上級長官指示，元氣網先將您的文章下架，想說跟您告知一聲。不曉得林教授有沒有想要針對聲明稿寫一篇新的文章平反呢？

好，先來談我有沒有「將取消健保給付此事與沒有療效畫上等號」。在我的文章裡，「健保」這個詞共出現三次：第一次：一位骨科醫師說，台灣健保給付維骨力。第二次：台灣的健保局還很不尋常地給這麼一個被定位為保健品的藥買單。第三次：台灣健保局從

2018 年起已經停止給付維骨力。

請問，我有「將取消健保給付此事與沒有療效畫上等號」嗎？雖然我沒有，但是，一大堆台灣媒體有。請看一篇 2018 年 1 月 8 號《自由時報》報導裡的這一段[5]：

迄今仍有 928 項藥品　違法給付

健保署指出，去年健保會委員提案全面取消給付指示藥，經醫師公會評估，緩解退化性關節炎疼痛、含葡萄糖胺成分藥品療效不明確，健保署近日決議先取消給付三十一項相關藥品。

自由時報 Liberty Times Net

即時新聞 報紙總覽 影音 財經 娛樂 汽車 時尚 體育 3C 評論 玩咖

臺北市 19-22 °C

健保給付指示用藥 首波取消維骨力等31項

2018-01-08

估影響15萬人 但可年省1.4億

〔記者林惠琴／台北報導〕全民健康保險法規定，「醫師藥師藥劑生指示藥品」不列入健保給付，但至今仍有九二八項相關藥品由健保給付、違法多年。健保會委員去年底提案取消給付，衛福部健保署近日決議先取消給付維骨力等含葡萄糖胺成分的三十一項藥品，待衛福部長核定後實施，估計影響十五．一萬人，但可年省約一．四億元。

衛福部健保署近日決議先取消給付維骨力等含葡萄糖胺成分的三十一項藥品，估計影響十五·一萬人；圖為口服粉劑形式維骨力。（取自大統生技藥業集團網站）

指示藥不需經醫師處方，民眾可自行於藥局購買，因相對較安全、易取得，健保法明文規範不納入健保給付。但考量民眾用藥連續性，健保開辦迄今持續給付九二八項指示藥，包含瀉藥、軟便藥、消脹氣藥等胃腸道用藥，以及感冒、過敏性鼻炎、止咳化痰等呼吸道用藥，另有葡萄糖胺等肌肉骨骼用藥、人工淚液等感官用藥，一年支出至少十七．一億元。

迄今仍有928項藥品 違法給付

健保署指出，去年健保會委員提案全面取消給付指示藥，經醫師公會評估，緩解退化性關節炎疼痛、含葡萄糖胺成分藥品療效不明確，健保署近日決議先取消給付三十一項相關藥品，給付價介於一．三一元至三十二．二元，以維骨力（VIARTRIL-S）給付最高，近期送至衛福部核定後公布實施時間。其餘指示藥預計二月再討論分批取消給付。

自由時報 2018 年 1 月 8 日的報導

那，為什麼自由時報的上級長官沒有指示將這篇文章下架呢？再來，我們來看我有沒有「將硫酸鹽葡萄糖胺及鹽酸鹽葡萄糖胺混為一談」。為了容易閱讀，我會在下面的討論裡將硫酸鹽葡萄糖胺簡稱為 GS，而鹽酸鹽葡萄糖胺則為 GH。還有，請記得，GS 就是維骨力的主要成分。

我在「維骨力，有效嗎？」的最後有提供兩篇 2017 年綜合分析報告。而它們的結論是：目前沒有好的證據支持葡萄糖胺用於髖關節炎或膝關節炎。我們現在來看看，它們所說的葡萄糖胺到底是 GS，還是 GH。第一篇報告的標題是〈葡萄糖胺對關節炎有效嗎？〉。它共分析了三十五篇臨床報告，而其中二十九篇所調查的是 GS，五篇是 GH，一篇不明。（請看註解 2 裡的原文）

第二篇報告的標題是「亞組分析口服葡萄糖胺用於膝關節炎和髖關節炎的有效性：來自 OA 試驗庫的系統評價和個體患者數據薈萃分析」。它共分析了二十一篇臨床報告，而其中十四篇所調查的是 GS，五篇是 GH，一篇不明，一篇是另一種葡萄糖胺。（這篇報告需要花費訂閱或購買。有興趣看的讀者，請跟我聯絡）

所以，沒錯，我所引用的兩篇報告的確是「將硫酸鹽葡萄糖胺及鹽酸鹽葡萄糖胺混為一談」。但是，在這個「混為一談」裡，近八成是硫酸鹽葡萄糖胺（GS），而它也就是維骨力的主要成分。

更重要的是，不管是硫酸鹽葡萄糖胺（GS）或鹽酸鹽葡萄糖胺（GH），這兩篇報告的結論是，目前都沒有好的證據支持用於髖關節炎或膝關節炎。

如果這樣還不夠，那就再請看一篇2017年發表的臨床報告，〈硫酸鹽軟骨素及硫酸鹽葡萄糖胺合用於減少膝關節炎患者之疼痛和功能障礙，顯示沒有好過安慰劑：六個月的多中心、隨機、雙盲、安慰劑對照臨床試驗〉[6]。

最後，請看一篇美國風濕病學會在2012年發布的建議。它的標題是〈美國風濕病學會2012年關於手、髖和膝關節炎中使用非藥物和藥理學治療的建議〉[7]。建議裡特別提到：我們有條件地建議膝或髖關節炎（osteoarthritis，簡稱OA）患者不應使用葡萄糖胺。請看右頁兩個表格虛線部分（表格出自註7的論文）。綜上所述，**一、台灣醫師公會評估含葡萄糖胺成分藥品療效不明確，二、大多數醫學報告不支持使用葡萄糖胺，三、美國風濕病學會建議不應使用葡萄糖胺**。所以，您說，到底是誰的文章才該下架呢？

補充說明：在我發表了這篇澄清文章之後，讀者Leopoldsaid回應：謝謝教授。廠商提的只有早早的一篇2001年的報告，後續如教授提及的這十幾年來的相關報告，一再說明其療效不彰，普羅大眾希望能早日知悉，以採取更有幫助的治療方式。我的回答是：是

Table 4. Pharmacologic recommendations for the initial management of knee OA*

We conditionally recommend that patients with knee OA should use one of the following:
- Acetaminophen
- Oral NSAIDs
- Topical NSAIDs
- Tramadol
- Intraarticular corticosteroid injections

We conditionally recommend that patients with knee OA should not use the following:
- Chondroitin sulfate
- Glucosamine
- Topical capsaicin

We have no recommendations regarding the use of intraarticular hyaluronates, duloxetine, and opioid analgesics

* No strong recommendations were made for the initial pharmacologic management of knee osteoarthritis (OA). For patients who have an inadequate response to initial pharmacologic management, please see the Results for alternative strategies. NSAIDs = nonsteroidal antiinflammatory drugs.

Table 6. Pharmacologic recommendations for the initial management of hip OA*

We conditionally recommend that patients with hip OA should use one of the following:
- Acetaminophen
- Oral NSAIDs
- Tramadol
- Intraarticular corticosteroid injections

We conditionally recommend that patients with hip OA should not use the following:
- Chondroitin sulfate
- Glucosamine

We have no recommendation regarding the use of the following:
- Topical NSAIDs
- Intraarticular hyaluronate injections
- Duloxetine
- Opioid analgesics

* No strong recommendations were made for the initial pharmacologic management of hip osteoarthritis (OA). For patients who have an inadequate response to initial pharmacologic management, please see the Results for alternative strategies. NSAIDs = nonsteroidal antiinflammatory drugs.

美國風濕病學會 2012 年發布的建議

的。當參考資料用的是老舊文獻時，一定要抱持懷疑——為何不能給新的？答案通常是：有不可告人的秘密。也就因為這樣，我在搜尋文獻時，一定是從最新的開始。新的通常會討論舊的是對還是錯。如此，就能得到最完整的資訊。

林教授的科學養生筆記

· 世界排名第一的醫學期刊《新英格蘭醫學期刊》2006 年刊載了臨床報告，結論是：葡萄糖胺硫酸鹽（GS）對於膝關節疼痛之緩解，沒有好過安慰劑

· 兩篇最新的（2017 年）綜合分析報告，結論都是：目前沒有好的證據支持葡萄糖胺對於髖關節炎或膝關節炎有作用

Part 3

重大疾病謠言釋疑

人類是否可以打垮癌症、阿茲海默症是否可以逆轉、阿司匹林如何保養心臟、微波食物真會致癌？你該了解的重大疾病謠言破解

癌症治療的風險

#化療、放射治療、民俗療法、自然療法

八年前，家父被診斷出得了攝護腺癌，醫生建議做放射線治療。我和家姐很無奈地接受了，為的只是希望能有根除癌的機會。但放射線破壞了家父的泌尿器官，以至於需要在腰部穿管子，導尿到袋子裡。如此的折磨使一個原本身體還算硬朗的人，變成日夜都需要家人辛勤的照料。而更讓我難以接受的是，家父最後還是在從沒有恢復健康的情況下走了。這幾年來我總是自責，當初如果選擇不治療，家父應當能過得舒坦，走得自在。

後來好友寄來一封電郵，裡面附了一個叫「治癌的風險」（danger of cancer cure）的影片。內容大致是說，西方醫學被財團控制，創造出手術、化療及放射線治療等花大錢卻無療效的治癌方法。

西方癌症療法存在的理由

做為一個癌症病患家屬，我想我有資格為這個影片做見證，但我反而在回信裡舉證幾個治療成功的案例。各行各業，不管是醫療或政治，財團的介入在所難免。但騙人的東西遲早會被揪出來的。一種醫療方法的商業化一定是因為有利可圖，如果它在被使用了一段時間後證明無效，自然會被淘汰。

西方醫學裡的手術、化療及放射線治療等治癌方法不是仙丹神藥。它們或許能治好一些，或許能延長一點生命，也或許完全無效，搞不好還有嚴重的副作用。但是它們之所以還沒被淘汰，是因為對付某些癌目前還沒有更好的替代品。

還有，同樣的治療方法讓不同醫生來做，可能會有完全相反的結果。譬如家父的治療，有可能是因為醫生處理不當，而非放射線治療本身的問題。至於我提到的「選擇不治療」，是因為這是給老年攝護腺癌病患的一種選項，這是一個近年很受關注的議題。

在「治癌的風險」影片裡那個很有說服力的講者，有「暗示」他們的草藥產品不但有效，而且還無副作用。但證據呢，是不是找幾個幽靈見證人就算數？其實說穿了，它也不過是一個以「救世濟人」「揭穿真相」為掩飾的草藥廣告。

草藥或偏方是不是有效，大多只是靠張嘴，但因為它們聽起來不像手術、化療及放射線治療可怕，所以會讓面臨生死抉擇的人動心，想先嘗試。但一試下去，可能就錯過了治療時機，連舉世公認的天才賈伯斯也難逃此不幸的命運。

人類無法打垮癌症

每當我踏進家裡附近的健身俱樂部，就會看到一張籌款海報，心底也會立刻湧起一股既會心又嘲諷的矛盾。（註：SMAC是俱樂部名稱的縮寫，與SMACK同音。而SMACK OUT CANCE是美國癌症協會籌款的宣傳口號，意思是「打垮癌症」)。「會心」是因為我以前在申請癌症研究經費時，也都會堂而皇之地說要打垮癌症，「嘲諷」是因為我知道人類永遠打不垮癌症。

為什麼打不垮？人體

大約有三十七兆個細胞，每個細胞的「基因體」由大約三十億對的核苷酸組成，而每天約有二兆個細胞的「基因體」要全部複製一次。以人的平均壽命為七十歲，那一個人的一生就會有 70×365×2 兆 ×30 億的機會，「基因體」複製會出錯。

用生物學術語，「錯」就是突變。不管是錯還是突變，聽起來都很負面，但其實不然。因為如果「基因體」複製永不出錯，那就不會有生物演化。就是因為有「錯」，才會有演化。好消息是，絕大部分的「錯」會被修正。但隨著年紀及環境的影響（例如吸菸），出錯的機會就會增加，而細胞癌化的機會也跟著增加。

我曾說過癌是一種錯綜複雜的病，不管是其病因或治療，都不可能在網路上講得清楚。但我希望能在文章裡讓讀者了解，癌與人類的演化息息相關。因為如此，治療癌就好像是在對抗演化的洪流。人類的演化是受到病毒的催化，而其中之一的代價就是癌。所以，只要有人類就會有癌。這也說明為什麼我們花了大量的人力與金錢，對癌的治療還只是杯水車薪。

所以，無需怪罪西方醫學無能，也不要輕信治癌廣告的吹噓。我們雖然無法打垮癌，但可以選擇過健康的生活來減少得癌的機會。如果得了癌，及早切除也可治癒。

在我的網站「科學的養生保健」裡，關於癌症的文章就超過一百篇，因為我希望讀者對於這個長居臺灣死亡率第一名的疾病能有更多的了解，才能正確認識健康生活和及培養早發現癌症的能力。

林教授的科學養生筆記

· 手術、化療及放射線治療等治癌方法不一定有效，也可能有嚴重副作用，但是它們之所以還沒被淘汰，是因為對付某些癌目前還沒有更好的替代品

· 草藥或偏方的效果通常是不可考又誇大其詞，但因為聽起來很溫和不可怕，所以會讓面臨生死抉擇的人動心。但，一試下去，可能就錯過了治療時機

· 我們雖然無法打垮癌症，但可以選擇過健康的生活來減少得癌的機會

咖啡不會致癌，而是抗癌

#咖啡、丙烯醯胺、抗癌

2018 年 3 月，幾乎所有中英文媒體都在報導咖啡有致癌的疑慮。但大多數人，包括這些媒體可能都不知道，這個疑慮並非基於科學證據，而是出自政治與法律的操弄。

謠言的幕後推手

事件的起因是，一個叫做「毒物教育及研究議會」（Council for Education and Research on Toxics, CERT）的民間組織在 2010 年提出告訴，要加州政府強迫各大咖啡飲料店標識「咖啡可能致癌」的警告。

但是，這個組織並不是真的存在於民間，而只存在於司法訴訟的文件上。如果你去查詢 CERT 的公司資料[1]，就會發現他們的電話和地址，實際上是屬於「梅格法律集團」（Metzger Law Group）所擁有，老闆是拉斐爾・梅格（Raphael Metzger）。這個法律集團的專長（生財之道），就是到加州法院控告企業（特別是食品行業），而 CERT 似乎就是它為這類訴訟而創造出來的公司。

加州在 1986 年投票通過六十五號提案（Proposition 65），規定⑴加州州政府必須維持和更新已知具有致癌性或生殖毒性的化學品清單（即毒物清單），⑵任何企業的產品如含有任何一項毒物清單上的化學品，就必須在其產品上做如是的標識（例如「可能致癌」）。

目前這份毒物清單上共列舉了將近一千種化學品，這當然帶給梅格法律集團無限商機。任何企業只要一被它告，就必須證明其產品不含有清單上的某一化學品（或該化學品不具毒性或致癌性）。例如，咖啡業者就必須證明咖啡所含的微量丙烯酰胺（Acrylamide）不會致癌。

丙烯酰胺的真相

而丙烯酰胺這個化學物質，是法院常客也是新聞寵兒。丙烯酰胺是食物在高溫（攝氏 120 度以上）烹煮時，某些糖和天冬酰胺

（asparagine）發生化學反應而形成的。用老鼠做的實驗是有看到丙烯醯胺會致癌。但目前還沒有證據顯示，人會因攝食丙烯醯胺而得癌。

事實上，隨便炒個菜或烤個麵包都會有丙烯醯胺的形成。所以，我們實際上是天天都在吃丙烯醯胺。只不過在通常情況下，我們所攝食的量，還不足以說是會致癌。

不過，企業如想得到類似丙烯醯胺不會致癌這樣的證明，就必須做臨床試驗，而臨床試驗不但花費龐大（數千萬甚至數億美金），而且也無法保證就會取得毫無爭議的證據。（空氣也會致癌，您聽過吧。還好沒有賣空氣的行業）

所以，被告企業最後都是被迫庭外和解，同意在產品上做有毒性或致癌性的標識。那梅格法律集團得到什麼呢？根據《彭博新聞》（Bloomberg）的報導[2]，六十五號提案所引發的訴訟，光是去年一年就有七百六十個庭外和解的案例，而被告企業共付出三千萬美金的和解費，而其中的72%是付給律師的。《彭博新聞》也指出，梅格法律集團將從這個咖啡案子獲得數百萬美金。所以，您現在知道，咖啡致癌的幕後推手是誰了吧。

後續發展

而咖啡疑似致癌案的後續是，2018 年 3 月 30 日，加州法院做出判決，咖啡飲料店必須標識咖啡可能會致癌的警告。但 2018 年 6 月 15 號美國各大媒體報導，加州政府將拒絕加州法院的判決，咖啡不需要貼警告。

其中的轉折是奧勒岡州的眾議員庫爾特．史瑞德（Kurt Schrader）在國會提出一個法案，要求在食品和其他產品上標註基於科學證據的標準。他在新聞稿中說：當我們在一杯咖啡上發出強制性癌症警告時，這一過程出現了嚴重錯誤。我們現在有這麼多的警告與對消費者造成的實際健康風險無關，因此大多數人都不理它們。如今，他提出的這項法案已經獲得共和及民主兩黨共同的支持，進入參眾兩院審議，而其獲得一致通過的機會應該說是不容置疑。

很顯然，美國國會的這個行動給加州政府打了一劑強心針，讓它有膽站起來與法院對抗。加州政府在一份聲明中稱，「儘管在烘焙和釀造過程中所產生的化學物質是列為第六十五號提案的已知致癌物，但擬議的法規將規定，飲用咖啡並不會造成嚴重的癌症風險。」「擬議的法規是基於大量的科學證據，即喝咖啡並未顯示增加患癌症的風險，並可能降低某些類型癌症的風險。」

補充說明：我所發表的這篇文章被很多媒體轉載，但它們標題裡的用詞「暴利」，會給讀者錯誤印象，以為律師們是一夕之間獲得數百萬美金之報償。事實上，這個訴訟歷時八年，控方和被告都很辛苦。所以，「暴利」這個詞並不恰當。還有，整個事件的根源，是加州的六十五號提案給了律師們賺錢的機會。所以，就賺錢而言，錯是在那個提案，而不是律師。我這篇文章唯一的目的，是希望讀者能了解，為什麼「咖啡致癌」的疑慮，並非是基於科學證據。

科學證據：咖啡不但不會致癌，反而會抗癌

我們已經證明了「咖啡致癌」是不肯定的，且理解了此立論並非基於科學證據而是法律操弄，那咖啡抗癌是否有科學根據呢？如果你在公共醫學圖書館 PubMed 搜索標題裡有 coffee 及 cancer 的論文，會看到共有三百八十四篇。其中 2015 到 2018 年的五十篇摘要中，會看到二十九篇有明確表明咖啡增加或減少癌率。

在這二十九篇裡面，三篇是表明增加癌率，而二十六篇是表明減少癌率。在那三篇表明增加癌率的論文裡，兩篇是關於胰腺癌，

一篇是關於胃癌。在那二十六篇表明減少癌率的論文裡，所涵蓋的癌類及論文篇數分別是：多種類的癌（5），大腸癌（5），攝護腺癌（2），肝癌（2），口腔癌（2），皮膚癌（2），黑色素癌（2），膽囊癌（1），乳癌（1），膀胱癌（1），子宮內膜癌（1），胃癌（1），胰腺癌（1）。

關於胰腺癌，儘管有兩篇論文說增加，卻有一篇說減少；而關於胃癌，則各有一篇說增加或減少。另外值得注意的是，那兩篇說胰腺癌增加的論文都特別強調「微弱增加」，而那篇說胃癌增加的論文則特別強調「其他因素」。

最後，2017 年有兩篇涵蓋多種類癌的論文，一篇是〈在癌症預防研究 -II 中咖啡飲用與癌症死亡率的關係〉[3]，結論：這些發現與許多其他研究結果一致，表明喝咖啡與結直腸癌、肝癌、女性乳腺癌和頭頸癌的風險較低有關。另一篇是〈喝咖啡與所有部位癌症發病率和死亡率之間的關聯〉[4]，結論：喝咖啡頻率與所有部位癌症的死亡率成反比。在這個族群中，增加咖啡飲用導致所有部位癌症發病率和死亡率的風險降低。

根據這樣的結果，可以得出結論：咖啡抗癌是被肯定的。

林教授的科學養生筆記

- 「咖啡致癌」的傳言，並非基於科學證據，而是出於法律操弄。就目前的科學證據而言，咖啡並不會致癌，反而有抗癌功效
- 咖啡裡面雖然含有微量丙烯酰胺，但因為丙烯酰胺是常見的物質，日常攝取並無疑慮。而且目前還沒有證據顯示，人會因攝食丙烯酰胺而得癌
- 2017 年的論文結論：喝咖啡頻率與所有部位癌症的死亡率成反比

地瓜抗癌，純屬虛構

#地瓜、癌症、甘藷貯藏蛋白、素食

網路上吹捧地瓜抗癌的文章和影片，多如牛毛。其中不乏出自營養師和保健專家之口。但他們的根據是什麼？為了澄清此一莫名其妙的醫學資訊，我從 2016 年開始，連續發表多篇文章，以下就是地瓜抗癌謠言的整合報告。

地瓜抗癌謠言的出處

「地瓜抗癌」的原始文章是在 2011 年 1 月 4 日發表於大陸的「人民網」，標題是「日本研究：紅薯是超級抗癌食物」。九天後（2011 年 1 月 13 日），這篇文章被轉載於大陸的「中華素食網」。這個轉載是可以理解的，畢竟對提倡素食的人而言，這是一件值得大肆吹噓的事。

不管如何，這篇文章從此逐漸蛻變成許許多多不同的版本，造就了「地瓜抗癌」的神話。值得注意的是，原始文章只說「紅薯是超級抗癌食物」。但是，在台灣流行的版本卻說「番薯是抗癌食物的第一名」。從「超級」到「第一名」的躍進，要拜賜於另一篇大陸文章。

這篇文章是用很生硬的英文寫的，標題是「多吃地瓜可預防癌症」[1]。它在第一段裡說，在二十種抗癌蔬菜中地瓜排名第一。好，我們來看看什麼樣的臨床試驗，才能證實地瓜排名第一。人類的癌至少有一百種，乘以二十種蔬菜，再乘以一百位病人（絕對需要更多），就至少要做二十萬個測試，再乘以十年的追踪……（可能還需要更長）。

您能想像，這需要花多少錢，才能「初步」判定地瓜排名第一？一千萬美金可能是低估，一億美金可能都不為過。什麼樣的機構或個人會願意提供這樣的研究經費，來測試一個幾十元的地瓜？

該文章的第三段又說，地瓜含有 DHEA，而此一類固醇荷爾蒙具有抗癌的功效。可是地瓜非但不含 DHEA，而且 DHEA 也無抗癌功效（反而，大多研究發現它可能致癌）。

這篇文章是發表在 LookChem 的網站，就是「尋找化學物品」（Look for Chemicals）的意思，是一個專門讓人搜索和購買化學物品的網站，總部設在杭州，怪不得英文如此生硬。至於為何它選擇用英文做溝通，就不得而知了。

不管如何，這篇文章裡面出現了數十個化學物質的名稱，包括那個被廣為流傳的所謂抗癌的 DHEA。這下子，您應當知道這篇文章被創造出來的目的了吧。只不過，一大堆營養師、保健專家、自然療師竟信以為真，把它當成抗癌食物的教材，導致一大堆無辜的普羅大眾被唬弄成「地瓜抗癌第一名」的信奉者。

美國版的地瓜謠言

在澄清了地瓜抗癌的文章之後，有讀者寄給我三篇美國版的地瓜抗癌倡議者的資料，第一篇是發表於 2017 年 10 月的「地瓜是抗癌食物嗎？」[2]，作者是波尼・欣格登（Bonnie Singleton）。此人雖是音樂學碩士，但經常發表醫學方面的文章。我早就看過這篇文章，當時就認定它所提供的地瓜抗癌資訊純屬臆測。

第二篇是發表於 2015 年 11 月的文章「地瓜蛋白質 V.s. 癌症」[3]，作者是麥可・克雷格（Michael Greger），他雖擁有醫學博士的學位，但所從事的工作是透過寫作及演說，叫大眾不要吃來自動物的食物

（肉、蛋、奶）。為了推廣此一理念，他在 2011 年創立了「營養真相」（NutritionFacts）網站，而這篇地瓜文章就是發表在這個網站。他為了推廣「全植物」素食而所採取的極端手段，已經受到了許多批評[4]。

這篇文章裡提到的地瓜抗癌的科學研究，幾乎全都是用「甘藷貯藏蛋白」（Sporamin）所做出來的，而其「治療」對象，幾乎全都是培養皿裡的癌細胞，而非癌症病患。縱然是他所提到的「降低癌細胞轉移」，也只不過是一個小型的老鼠模型試驗。他所提到的「降低膽囊癌」，則是一個小型的問卷調查（六十四位病患），其中地瓜只是許多所謂的抗癌食物中的一種。（病人被問過去一年吃了多少地瓜、蘿蔔、辣椒、芒果、香瓜、木瓜、橘子等等。請問，您有辦法據實回答嗎？）所以，他所謂的地瓜抗癌研究試驗，不過是一些勉強沾到邊的模型試驗及問卷調查。

另外一篇文章「地瓜的驚人抗癌功效」[5]，作者是賽勒斯・卡巴塔（Cyrus Khambatta），他是位營養師，除了出書之外，還創設了至少兩個跟飲食相關的營利網站，這篇文章就發表在其中之一。除了標題聳動之外，他還在文章裡說，甘藷貯藏蛋白已經在大腸癌病人身上證實可以減緩癌的生長及轉移。

他的文章下面有提供十一篇參考資料。可是，沒有任何一篇是可以支持甘藷貯藏蛋白已經用在病人身上。在公共醫學圖書館的搜索中，我也沒找到任何地瓜或甘藷貯藏蛋白的人體試驗。綜上所述，您還相信地瓜抗癌是有科學根據嗎？

這三篇美國版的地瓜抗癌神話與大陸版有一點大不相同，即美國版說地瓜抗癌是因為含有甘藷貯藏蛋白，而大陸版則說因為含有 DHEA。我已經說過地瓜根本不含 DHEA，事實上，沒有任何植物含有 DHEA。至於甘藷貯藏蛋白的確是存在於地瓜裡，只不過它是蛋白質，會被高溫破壞。所以，如果您相信地瓜裡的甘藷貯藏蛋白能幫助您抗癌，那就請您務必生吃，而且可能需要每天吃一百顆，才能達到有效劑量。解說到此，您還有其他地瓜抗癌的神話要分享嗎？

地瓜的營養價值分析

寫完了地瓜抗癌文章的破解之後，有位好友私底下跟我說，有好多人是真的相信地瓜抗癌，也有一些人是靠這個說法來賣地瓜為生，所以，我最好也講講地瓜的好處。

生的地瓜含有水（77％），碳水化合物（20.1％），蛋白質（1.6％），和纖維（3％），它幾乎不含脂肪。一顆中等大小煮熟的地瓜約含有二十七克碳水化合物。其中澱粉約佔 53％，單醣（葡萄糖，果糖），蔗糖和麥芽糖則約佔 32%。地瓜的血糖指數較高（從 44 到 96），所以較不適合糖尿病患食用，尤其是烤的或炸的。一顆中等大小煮熟的地瓜約含有三．八克的纖維。其中可溶性的（如果膠）約佔 15-23%，非溶性的（如纖維素，半纖維素和木質素）約佔 77-85%。可溶性纖維（如果膠）可以通過減緩糖和澱粉的消化來增加飽腹感，從而減少食物攝入並減少血糖峰值。不溶性纖維有益健康，例如降低糖尿病風險和改善腸道健康。

地瓜的蛋白質含量不高，一顆約只含有二克。地瓜也含有許多微營養素，例如維他命 A 和 C 及礦物質鈣和鐵。總之，就像之前接受台灣的《聯合報》訪問時，我曾說，地瓜雖然不是什麼抗癌第一，但它的確是營養豐富的食物[6]。

林教授的科學養生筆記

- 謠言說地瓜因為含有類固醇賀爾蒙 DHEA 而可以抗癌，可是地瓜非但不含 DHEA，而且 DHEA 也無抗癌功效
- 有研究說「甘藷貯藏蛋白」(sporamin) 具有抗氧化、抗癌等等功效，但甘藷貯藏蛋白是蛋白質，所以吃進肚子後就會被分解成氨基酸，不可能有功效
- 地瓜抗癌雖然已證實是謠言，但它的確是營養豐富的食物

微波食物致癌是迷思

#傳統加熱、微波爐、營養素、牛奶、牛肉、蔬菜

讀者 Sylvia 寫信跟我說，她的一些朋友不敢用微波爐加熱食物，因為害怕吃了微波加熱的食物會致癌。其實，有關微波爐烹煮的食物是否安全，已經吵了快四十年，而我也在二十幾年前就親身遭遇過這個問題。當時，我大姐就是相信微波爐是有害，一直到 2018 年初，我在台北的家人還是不用微波爐（五月回去時看他們開始用了）。

雖然每次回到台北家，總覺得沒有微波爐實在是不方便，但是基於尊重個人選擇的原則，我從沒有嘗試過要「糾正」家人的想法。至於三不五時收到的有關微波爐的電郵或短訊，我總是想，反正不用微波爐也不會有什麼不良後果，所以也就採取放任的態度。不過，因為這位讀者的來信，所以我決定寫下這篇文章正式探討這個問題。

其實，網路上已經有相當多中文和英文的「闢謠」文章，它們都異口同聲地說「微波爐有害」的說法是沒有科學根據的。但事實上，有好多提倡「微波爐有害」的文章可是引經據典，振振有詞。例如，一個看似非常科學的「健康科學研究」（Health Science Research）網站就發表了一篇「你該丟掉微波爐的十個理由」[1]，文章最後就洋洋灑灑列舉了二十一篇參考資料。

我對這二十一篇參考資料做了徹底的查證，而所得的結論是無一可信。但是，由於大多數讀者不會像我這樣去做查證，或是有看沒有懂，所以往往就會相信「微波爐有害」是有科學根據的。而在這種情況下，「闢謠文章」裡所說的「沒有科學根據」，是不足以說服他們的。這也就是為什麼「微波爐有害」的資訊還是一直在流傳。

微波料理無害的科學論文

基於這樣的考量，我決定要將所有相關的研究報告全找出來。還好，這方面的研究其實並不多，所以我大概花了一天的時間就全部看完。下面就是這八篇研究的標題及結論：

1. 1981 年〈煎鍋燒烤和微波放射牛肉產生致突變物的比較〉[2]，結論：用煎鍋燒烤出來的牛肉含有致癌物質，用微波爐燒烤出來的牛肉則不含致癌物質。

2. 1985 年〈微波烹調／復熱對營養素和食物系統的影響：近期研究總覽〉[3]，結論：對硫胺（thiamin）、核黃素（riboflavin）、吡哆醇（pyridoxine）、葉酸（folacin）和抗壞血酸（ascorbic acid）等營養素，微波爐比傳統烤箱具有相同或較好的保持能力。就燒烤培根時所產生的亞硝胺量，微波爐比傳統烤箱低。

3. 1994 年〈微波預處理對牛肉餅中雜環芳香胺前體致突變物／致癌物質的影響〉[4]，結論：微波預處理使牛肉餅中的雜環芳香胺前體（肌酸、肌酸酐、氨基酸、葡萄糖），水和脂肪減少高達 30%，並導致突變誘發活性降低 95%。

4. 1998 年〈牛奶中的游離氨基酸濃度：微波加熱與傳統加熱法的效果〉[5]，結論：無論是用何種方式或溫度來給牛奶加熱，幾種氨基酸（如天冬氨酸，絲氨酸或賴氨酸)的濃度都沒有改變。相反地，無論用何種方法加熱，色氨酸濃度都會下降。水浴加熱比微波加熱更會導致谷氨酸和甘氨酸的增加，表示更容易導致乳蛋白的水解。此外，水浴加熱所導致的氨的累積也反映了谷氨酰胺的降解。微波加熱所導致的鳥氨酸增加是令人感興趣的，因為鳥氨酸是多胺的前體。此外，考慮到游離氨基酸濃度的微小變化和時間的節省，微波加熱似乎是加熱牛奶的合適方法。

5. 2001 年〈連續微波加熱和傳統高溫加熱後牛奶中的維他命 B_1 和 B_6 保留〉[6]，結論：關於加熱對牛奶中維他命 B_1 和 B_6 的保留，傳統方法和微波之間沒有差別。

6. 2002 年〈用傳統方法和微波烹調料理鯡魚，對於總脂肪酸中 n-3 多不飽和脂肪酸（PUFA）的成分效果比較〉[7]，結論：煮沸、燒烤和油炸等烹飪鯡魚的過程，無論是用傳統方式還是用微波爐進行，都不會導致總脂肪酸中 n-3 多不飽和脂肪酸（PUFA）含量減少，表明這些脂肪酸有很高的耐久性和對熱氧化的低敏感性。本研究中使用的烹飪過程對脂肪質量指標過氧化物和茴香胺值也沒有顯著影響。在傳統和微波加熱之後，鯡魚的脂肪質量指標差別很小，並且表明初級和次級氧化產物的含量低。

7. 2004 年〈微波料理和壓力鍋料理對於蔬菜品質的影響〉[8]，結論：八種豆類，即鷹嘴豆（Cicer arietinum）、蠶豆（Vicia faba）、豇豆（Vigna catjang）、扁豆（Dolichos lablab）、綠豆（Phaseolus aureus Roxb）、雙花扁豆（Dolichos biflorus）、兵豆（Lens esculenta）和法國豆（Phaseolus vulgaris），用壓力鍋或微波爐烹飪並分析營養成分。結果發現，烹飪方法不影響豆類的營養成分，然而，煮熟樣品中的硫胺素減少了，烹飪改變了一些豆類的膳食纖維含量。壓力鍋或微波爐烹飪樣品的平均體外蛋白質消化率分別為 79.8%和 74.7%。

8. 2013 年〈兩種液態食物經由微波烹調和傳統加熱法後，沒有發現顯著差別〉[9]，結論：我們比較微波爐加熱和傳統加熱方式對牛奶和柳橙汁的影響，結果發現這兩種加熱方法之間沒有重大區別。

從以上這八篇論文就可得知：一、微波爐較不會產生致癌物質，二、微波爐同等或較會保留營養素。當然，區區八篇論文是不足以建立真理。只不過，它們應當是比毫無科學根據的傳說來得可信吧。

林教授的科學養生筆記

· 1981 到 2013 年的八篇科學論文結論：一、微波爐較不會產生致癌物質。二、微波爐同等或較會保留營養素

常見致癌食材謠言

#九層塔、羅勒、熱飲、芭樂、香腸、馬鈴薯

網路上的健康謠言多如牛毛，尤其以有致癌疑慮的飲食最多人關心（或是有抗癌神效的產品），所以流傳得也最廣。光是我的個人網站「科學的養生保健」裡面，跟癌症有關的傳言就超過一百多篇。以下這篇文章就是選自其中最經典的幾篇，分別是九層塔、熱飲、芭樂和馬鈴薯。當然，以後還是會有更多，關心此項議題的讀者，也可以定時到我的網站上面去查詢瀏覽。

九層塔致癌是謠言

2006 年 6 月開始，有一篇九層塔會導致肝癌的網路文章開始流傳，以下就是我追查的結果。九層塔的英語是 Basil，學名是

Ocimum basilicum，用學名就可在公共醫學圖書館搜索到相關的醫學資料。如果再加上 Cancer 這個關鍵字，就可搜索到與癌相關的資料。目前，總共只有五篇醫學論文是從事九層塔與癌相關的研究。但是，它們的試驗是要看九層塔萃取物是否能抑制培養皿裡癌細胞的生長。更重要的是，它們所得到的結論是九層塔似乎有抗癌的作用。那，為什麼網路文章反而會說九層塔會致癌呢？下面三點拷貝自這篇網路謠言：

「九層塔裡有一種成份叫做 Eugenol（英譯丁子香粉，是一種化學物質，牙科用來治牙疼）這個成份已經證實會導致肝癌。而 Eugenol 的中文名稱就叫做「黃樟素」。要知道這種毒素會在體內累積的，國人罹癌指數年年攀升，這都跟吃進去的食物有關連。」

這篇文章先說 Eugenol 的翻譯是丁子香粉，然後又說是黃樟素（典型網路謠言的牛頭不對馬嘴）。但，其實這兩個翻譯都錯了，Eugenol 的正確翻譯是「丁香酚」或「丁子香酚」（此「酚」非彼「粉」）。不管如何，丁香酚真的有被證實會導致肝癌嗎？

用 Eugenol 及 Cancer 這兩個關鍵字到公共醫學圖書館搜索，會搜到二百二十篇論文。但是，閱讀其中幾篇後就會發現，真正被關心的並非丁香酚，而是甲基丁香酚（Methyl-Eugenol）。從一份 2013 年世界衛生組織發布的文獻就可看出，所謂的來自九層塔的致癌物是甲基丁香酚，而非丁香酚。更重要的是，**甲基丁香酚的致癌性，是用通常攝取量數百倍的高劑量，在老鼠身上試驗出來的。我想，除非有人天天把九層塔當青菜吃，否則要吃到致癌，還真不是一件容易的事。**

還有，網路文章所說的「這種毒素會在體內累積」，也不正確。事實上，攝入的甲基丁香酚很快就會從尿液排出，並無所謂的累積。所以，網路文章所說的「證實」會導致肝癌，是完完全全地被我證實是胡說八道。

熱飲致癌是過度渲染

2016年6月，中英文媒體都大肆報導熱飲會致癌，臉書裡更是瘋狂轉載，哀嚎聲此起彼落。但是有多少人看了原始報導[1]？更不用問，有多少人看得懂那份報導。該原始報導是發表在《刺胳針腫瘤學》（Lancet Oncology），這是一本很有分量的醫學期刊，但它不是研究報告，而是被定位為「新聞」。

署名為此新聞的作者是十位專家，他們代表「國際癌症研究機構」邀請的二十三位科學家組成的「工作小組」，來發布這個新聞。該工作小組的任務是評估咖啡、瑪黛茶（Mate，一種盛行於南美的飲料）以及「很熱飲料」的致癌性。

評估的結論是，咖啡及瑪黛茶本身沒有致癌性。但如以高溫飲用，則可能有致癌性。在這裡，「致癌性」所指的癌僅是食道癌。而「可能有致癌性」的判定是根據「有限的證據」（limited evidence）。

有限的證據是來自兩方面：人類調查和動物實驗。人類調查是問：你是喝熱、溫或冷。也就是說，沒有任何真正的溫度數據。而事實上，如果你被問：「你喝的茶是攝氏幾度」，你能回答嗎？

那麼，動物實驗呢？有兩篇報告，一篇用六十五度的水灌大白鼠[2]，另一篇用七十度的水灌小白鼠[3]，水裡面都加了致癌化學劑。也就是說，這兩個研究都是在檢驗「高溫是否會促進致癌物的致癌性」。那請問，你喝的熱水、熱茶或熱咖啡裡，是不是也添加了致癌物？

很不幸地，新聞媒體及網路瘋傳的，幾乎都變成了「六十五度以上的飲料會致癌」。還有，請注意，那兩個動物實驗是用管子，將熱水直接灌進老鼠的食道。請問，你喝熱飲是這樣喝的嗎？這兩個實驗完全忽略了我們在喝熱飲時，是經過嘴唇及口腔的判斷，才決定是否讓飲料進入食道。如果太熱，我們會本能地將飲料吐掉。也就是說，六十五度以上的飲料根本就沒有可能進入我們的食道。所以，所謂的證據，**第一，人類調查根本沒有溫度數據。第二，動**

物實驗根本不符人類情況。此類新聞，做做參考就好，無需大驚小怪。

一顆芭樂分解十八根香腸毒素的真相

2015年11月9號《蘋果日報》報導：「一顆芭樂，分解18根香腸毒素。真強！富含維他命C清除亞硝酸鹽」[4] 對於消費者來說，真是個好消息，因為「只要吃一顆芭樂，就可以放心地吃18根香腸」，問題是，真的是這樣嗎？

這個新聞的發表，是緣由於一份台灣農業試驗所的研究報告，而該研究的啟發是基於如下的邏輯思考：香腸含有亞硝酸鹽→亞硝酸鹽會跟肉類所含的胺結合，形成亞硝胺→亞硝胺是致癌物→水果含有抗氧化物，可「清除」亞硝酸鹽（註：報導都說是清除或分解。但是，抗氧化物的功能就只是「抗氧化」）→農業試驗所就測試二十九種水果「清除」亞硝酸鹽的能力→水果是以「顆」為單位，取其可食部位榨成汁→將汁滴入亞硝酸鹽溶液→溶液的顏色（桃紅）變得越淡，就表示亞硝酸鹽被「清除」得越多→實驗的結果是，一顆芭樂可以「清除」相當於十八根香腸所含的亞硝酸鹽。

看到這樣的實驗，讓我心中充滿感慨：這就是台灣的科研水準？我只簡單說幾句：香腸之所以被認為是致癌物，主要是因為燒烤會促進亞硝酸鹽和胺的結合（即亞硝胺的形成）。也就是說，**在你將香腸放入嘴裡之前，亞硝胺已經形成。那，這個時候（吃香腸的前後）吃芭樂，還來得及「分解」香腸的「毒素」嗎？何況，十八根香腸所含的飽和脂肪、鹽分、卡路里，又豈是一顆芭樂所能「分解」的？**農業試驗所怎麼會幼稚到想要做這種實驗？媒體又怎麼會愚蠢到想要搞這種花邊？想賺錢想瘋了，也不應當拿老百姓的健康開玩笑吧！

馬鈴薯放冰箱會致癌，是把可能說成絕對

好友在 2018 年 6 月寄來一支影片，內容是兩位年輕主持人生龍活現地在講：絕對不要把馬鈴薯放冰箱，會致癌等等。哇！這還得了！我們家的馬鈴薯都是放在冰箱裡。看來我需要去做斷層掃描了。但是，說正經的，他們並不是在散佈謠言，而是把「可能」說成「絕對」，嚇得我們這些驚弓老鳥一個個屁滾尿流。

這個不是謠言的謠言是源自於兩年前一個英國食品標準局（Food Standards Agency，FSA）所發布的消息[5]。我把其中的兩段翻譯如下：「您還需要確保不要將生馬鈴薯存放在冰箱裡，如果您打算

在高溫下烹飪，例如烘烤或油炸。這是因為將生馬鈴薯存放在冰箱裡會導致在馬鈴薯中形成更多的游離糖。這個過程有時被稱為『冷甜化』（Cold sweetening 或 cold-induced sweetening）。」、「冷甜化會增加整個丙烯醯胺的含量，特別是如果馬鈴薯是用於炸、烘或烤。生馬鈴薯應存放在溫度高於攝氏六度的黑暗陰涼處。」

好，我現在將這兩段話做進一步解釋：將馬鈴薯存放在低溫（三度）可以減緩發芽以及疾病的發生。可是，這卻會激活一些糖轉化的基因，造成澱粉轉化成所謂的游離糖（葡萄糖和果糖）。在高溫處理（一百二十度以上的油炸或烘烤）的過程中，高澱粉食物裡的游離糖會和天冬醯胺（asparagine）發生化學反應，形成丙烯醯胺（acrylamide）。丙烯醯胺在用老鼠做實驗時，是有致癌性。但是，目前還沒有它會在人身上致癌的證據。

從這三點可以看出，形成丙烯醯胺的一個要件是一百二十度以上的高溫。也就是說，一般中式的烹煮（炒馬鈴薯、羅宋湯），甚至於西式的沙拉，都不會形成丙烯醯胺。可是，影片裡的主持人卻說：「如果把冰過的馬鈴薯拿去煮的話，那……就會變成丙烯醯胺……真的是很可怕……跟很多癌症都有關係」。

「煮」就會形成丙烯醯胺？丙烯醯胺跟很多癌症都有關係？拜託，吹牛也要先打草稿吧。不管如何，食品標準局的建議是要把馬鈴薯存放在攝氏六度以上的地方。可是，如果是像台灣夏天的攝氏三十六度呢？您是要放在冰箱，還是放在三十六度，甚至於四十度裡？放在冰箱頂多只是「可能……」，可是放在四十度則肯定會發芽，會壞掉。所以，您做何選擇？不管您做何選擇，這篇文章並沒有要駁斥食品標準局建議的意思。我真正的重點是在於，奉勸那些提供健康資訊的人，一定要多做深入的研究和調查。而最重要的是，「絕對」「千萬」不要把一分說成十分。哦，對了，要趕快去冰箱把馬鈴薯丟了。還有，別忘了打電話約做斷層掃描。再見！

林教授的科學養生筆記

- 網路上有關健康的謠言實在太多，讀者可以善用網路搜尋和練習查閱可靠訊息來源，並記得不要成為惡質謠言的傳播幫兇
- 若讀者看到養生保健方面的傳言，可以到我的網站「科學的養生保健」利用關鍵字查詢，若沒有相關資料，可利用網站上的「與我聯絡」寫信給我

淺談免疫系統與癌症免疫療法

#化療、保健產品、免疫系統

有位讀者寫信問我：「好像很多病因都和免疫系統有關。免疫系統可能以飲食來改善或調整嗎？」

補充單一營養素無法改善免疫系統

我先請教這位讀者一個問題：你曾經到醫院看過「免疫科」嗎？沒有，對不對？台大醫院也沒有免疫科，它有的是一個叫做「免疫風濕過敏科」的次專科。

我再請教讀者另一個問題：你有沒有做過「免疫功能」的檢查？沒有，對不對？為什麼這麼重要的一個生理功能，就從來沒有醫生要你做檢查？答案很簡單：無從下手。

免疫系統在身體裡是無所不在也無遠弗屆，但我們卻無法用聽筒去聽它，用 X 光去看它，或用血檢去量它。更困難的是它所涵蓋的太廣了，廣到你永遠只能看到冰山的一角。

至於可以改善免疫系統的營養是哪一種營養？ ABCDEFG、碳氮氧氟氖、鎂鈣鋅鐵銅、葉黃素、茄紅素、蝦青素？你能想像有多少種類的營養元素嗎？我們就做個簡單的算數：假設人類需要的營養素共有一百個，而人類的免疫功能也共有一百個。那麼，如果想知道你是否攝取足夠的營養來維護免疫系統，你就需要做一萬項檢查。

那保險公司會付錢讓你做一萬項檢查嗎？很抱歉，我不是故意要洩你的氣。我唯一的目的只是要讓讀者知道，**維護健康需要的是「全方位的考量」。不要小心眼地計較要補哪個 A，要充哪個 B。維護免疫系統所需要做的其實跟維護其他系統沒兩樣。**

一封哈佛醫學院寄來的電子報裡面有這麼一句話：**我們的營養知識已經兜了一個圈，回到吃盡可能接近自然的食物。**（Our knowledge of nutrition has come full circle, back to eating food that is as close as possible to the way nature made it.）[1]。沒錯，我一再強調要吃自然的食物，那裝在瓶子裡，大罐小罐的補充劑和保健品，是自然食物嗎？

癌症的免疫療法，有真也有假

講完了免疫系統和飲食的關係，我們再來談談「癌症的免疫療法」這個極度複雜難懂的議題。介紹之前，請讀者先看一則 2017 年 7 月 14 日的新聞（重點節錄如下）：

香港醫院藥劑師學會調查發現，患者對於免疫療法認知不足。而坊間一些產品濫用「免疫療法」字眼，誤導消費者。香港醫院藥劑師學會於 2017 年 4 至 5 月訪問了 150 名癌症患者或康復者，其中只有一半人知道免疫力與癌症治療有關。而對於坊間聲稱提升免疫力的保健食品，受訪者中 77% 表示相信或半信半疑，53% 曾嘗試過這些產品。香港醫院藥劑師學會會長崔俊明提醒患者要注意分辨真假免疫療法。他說，坊間非常濫用「免疫療法」，吃一些保健品讓身體強壯就說是「免疫療法」，事實上未必有效。

從這則新聞就可看出，一般民眾對於免疫療法的模糊認知，促成了所謂的「營養免疫學」的橫流，也造就了無數營養免疫產品的氾濫。但其實，真正的免疫療法是與保健品毫不相干的。它大致上可分成三大類：被動、主動和過繼。

1. 被動免疫療法（Passive Immunotherapy）：此療法有時也叫做標靶免疫療法（Targeted Immunotherapy），而最常見的做法就是將某一單一特性的抗體注入病人身體，來抑制癌細胞的生長或擴散。由於病患本身的免疫系統並沒有參與治療，所以，此一療法才會叫做「被動」。最有名的例子應該是治療乳癌的赫賽丁（Herceptin）。

2. 主動免疫療法（Active Immunotherapy）：此療法最常見的做法就是將某一生物製劑注入病人身體，從而激活或加強病人本身的免疫系統（可能只是系統裡某一或某幾個特定成員）。由於病患本身的免疫系統必須積極地參與治療，所以，此一療法才會叫做「主動」。最有名的例子應該是治療黑色素癌的吉舒達（Keytruda）。此藥曾在兩年前因為用於治療卡特總統的黑色素癌，而聲名大噪。目前，它已被證實對某些種類的肺癌也有效，而它也正在用於其他多種癌症的臨床試驗（但請勿相信媒體吹噓它「治癒」卡特總統的癌）。2018 年的諾貝爾醫學獎，就是頒發給對此一療法最有貢獻的兩位科學家詹姆士・P・艾利森（James P. Allison）和日本免疫學家本庶佑（Tasuku Honjo）。

3. 過繼免疫療法（Adoptive Immunotherapy）：此療法最常見的做法就是將病患本身的某一特定的免疫細胞分離出來，然後通過實驗室的培養來增加這些細胞的量或質，然後再將這些細胞輸回病患體內，讓它們和癌細胞搏鬥。目前，此一療法有一個已經被美國FDA 批准的藥，那就是專治攝護腺癌的 Provenge。

以上有關免疫療法的介紹，是力求簡單明瞭，但是它所涵蓋的實在只是冰山一角。我只希望這篇文章能讓讀者了解兩件事：

真正的免疫療法，與保健品毫不相干。所有那些聲稱能提高免疫力的產品，都是騙人的。

免疫療法還有很長的路要走。絕大多數的免疫療法臨床試驗都以失敗收場，而少數幾個成功的也都只能延長幾個月或幾年的壽命。譬如 Provenge 的治療費用超過十萬美金，但平均只能延長壽命四個月。你能想像，這四個月的日子會是怎麼過的？

一則 2015 年 5 月的新聞報導說，耶魯大學癌症中心腫瘤科主任羅伊．赫布斯特（Roy Herbst）認為，免疫療法有可能在五年內取代化療。2017 年時，這個五年的預言已經過去兩年半了，而我個人實在看不出它會成真。儘管如此，免疫療法將取代化療的趨向，是一個無可爭議的事實。只不過，請您千萬不要相信什麼它將會打垮癌症之類的噱頭（媒體總喜歡誇大）。就像我在本書「癌症治療的風險」一文的結論說過的，我可以毫無保留地說，人類是永遠打不垮癌症的。

林教授的科學養生筆記

- 維護健康需要的是全方位的考量。不要小心眼地計較要補哪個 A，要充哪個 B，營養均衡就是就是吃盡可能接近自然的食物
- 真正的免疫療法，與保健品毫不相干。所有那些聲稱能提高免疫力的產品，都是騙人的
- 免疫療法還有很長的路要走。絕大多數的免疫療法臨床試驗都以失敗收場，而少數幾個成功的也都只能延長幾個月或幾年的壽命

阿茲海默症的預防和療法（上）

#老人癡呆、阿茲海默、維他命B、側睡、巧克力、運動

網路上可以看到無窮無盡的預防阿茲海默症（又稱老年癡呆、老人失智）的偏方和撇步，流傳最廣的椰子油治療阿茲海默症，我已在本書的椰子油文章澄清過，結論是：椰子油治療阿茲海默症，目前是未獲科學證實的。其他例如「舌頭操防腦衰？」、「側睡能預防阿茲海默症？」、「維他命 B 預防阿茲海默症？」、「巧克力能防阿茲海默症？」等等文章，我都已經詳細破解。以下收錄簡單澄清，想看完整文章的讀者可以在我的網站上看到全文。

1. 舌頭操防腦衰？

這篇很簡單，就是一個可疑的大陸作者郭村榮，假借腦神經專家高田明和教授之名，編織出的「防衰老舌頭操」故事，完全沒有可信度。

2. 側睡能預防阿茲海默症？

這是紐約羅徹斯特大學（University of Rochester）和石溪大學（Stony Brook University）合作進行的研究發現，觀測老鼠大腦睡覺時採用側睡姿勢，可以較有效清除腦廢物[1]。但報告中並沒有提到側睡有益於阿茲海默或是帕金森氏症，甚至也沒有人體實驗。

這是大學為了爭取名聲，把一篇純學術研究報告，和大家關心的疾病掛上鉤而發出的新聞稿[2]。很多大學甚至名校，都是用這種方法獲得捐款或研究經費的目的。經過網路渲染，就可以把一個老鼠清除腦廢物的實驗，變成側睡可以預防阿茲海默症的驚人發現。

3. 維他命 B 預防阿茲海默症？

2014年12月發表在《神經學》醫學期刊的一篇大型的臨床研究：該研究由多個研究機構參與，同時是雙盲隨機，又有安慰劑對照的臨床試驗，所以可信度極高[3]。它調查了 2919 名六十五歲以上同半胱胺酸過高的人，也就是所謂的阿茲海默症高風險族群，讓他們每天吃含有 400 微克葉酸和 500 微克 B_{12} 的片劑或安慰劑，共吃了兩年。研究人員總結，吃葉酸和維生素 B_{12}，對同半胱胺酸過高老年人的認知功能，沒有影響。

4. 巧克力能防阿茲海默症？

這篇網路傳言有兩個重點，一是「一天食用二十五公克可可，能預防阿茲海默症」。其中有關「愛知學院大學與明治共同進行的可可多酚與 BDNF 研究」，我查到的資料是確實有這樣的研究，但沒有在醫學期刊發表，可能是還沒通過審評，而且此研究由明治巧克力食品贊助，可信度也需要打折。

另外一個重點是「連續飲用可可三個月，平均大腦年輕二十歲」，這個描述聽起來很誇大，但它卻是千真萬確，有科學根據的。該研究2014年12月發表於重量級醫學期刊《自然神經科學》（Nature Neuroscience）。目前這個研究團隊正在招募五十到七十五歲的自願者，要做進一步的調查。有興趣參加測試的讀者可到他們的網站查詢[4]（本實驗的後續發展，請參考《餐桌上的偽科學 2》第 242 頁）。

頂級期刊的《內科學年鑑》的建議

醫學界已經完成了數百個各式各樣預防阿茲海默症的臨床研究。但是，真的有任何方法能預防阿茲海默症嗎？要回答這個問題，當然不是一件容易的事。但是，現在我們應當有答案了。2018 年 1 月，美國醫師學院（American College of Physicians）所發行的醫學期刊翹楚《內科學年鑑》（Annals of Internal Medicine），一口氣刊載了四篇相關的系統性分析論文。我將它們的標題及結論簡短翻譯如下：

1.〈用運動來預防認知功能衰退和阿茲海默型癡呆〉[5]，想用運動預防的結論是：根據十六個臨床試驗的結果，沒有足夠證據顯示短期單項運動（例如有氧運動、重力訓練、太極拳）可以提高腦力或防止認知功能下降。但是，多方位干預（運動加上飲食控制及腦力訓練）似乎能延遲認知功能衰退。

2.〈用藥物來預防認知功能衰退，輕度認知功能障礙和臨床阿茲海默型癡呆〉[6]，用藥物預防的結論是：根據五十一個臨床試驗的結果，沒有任何藥物可以保護大腦。這些藥物包括專門用於治療阿茲海默症的藥物，以及用於治療其他老化健康問題的藥物（如治療糖尿病、高血壓、高膽固醇及低荷爾蒙）。

3.〈用非處方補充劑來預防認知功能衰退，輕度認知功能障礙和臨床阿茲海默型癡呆〉[7]，想要用維他命和補充劑來預防的研究結論是，根據三十八個臨床試驗的結果，沒有任何非處方藥可以預防阿茲海默病。這包括 Omega-3 脂肪酸、銀杏葉、葉酸、胡蘿蔔素、鈣和維他命 B、C、D、E。

4.〈認知功能訓練能防止認知功能衰退嗎？〉[8]，想用認知功能訓練來預防的結論是，根據十一個臨床試驗的結果，腦力鍛煉並不能阻止阿茲海默症的發生。由此可見，沒有任何藥物或補充劑，可以預防阿茲海默症。

遺憾的是，綜合這四篇期刊，單一運動、藥物、補充劑和認知功能訓練，目前都無法證實可以有效預防阿茲海默。比較令人吃驚的是，腦力訓練竟然也無濟於事。唯一有用的是：運動加上飲食控制及腦力訓練，所以結論還是那句話：常運動，多交友，節制均衡的飲食。

林教授的科學養生筆記

· 舌頭操、側睡、維他命 B，都無法防止阿茲海默症，但巧克力可以讓頭腦變年輕的實驗卻是正在進行中

· 單一運動、藥物、補充劑和認知功能訓練，目前都無法證實可以有效預防阿茲海默，唯一證實有用的是：運動加上飲食控制及腦力訓練

阿茲海默症的預防和療法（下）

#安眠藥、阿茲海默、aducanumab 抗體、唑吡坦

2017 年 12 月同鄉聚會時，有位女士問我，吃安眠藥會導致阿茲海默症嗎？我給她的簡單答案是「會」，但是真正的答案是比較複雜的。

安眠藥有導致阿茲海默症的風險

先來看以下這則報導：2017 年 11 月，《美國老人醫學協會期刊》刊載了一篇的研究報告，標題是〈老年人使用唑吡坦與阿茲海默病風險的關係〉[1]。這篇研究報告出自台北醫學大學的研究團隊，他們分析近七千位六十五歲以上的台灣居民使用唑吡坦類安眠藥與阿茲海默病風險的關係，結論是：有顯著的關係。事實上，早在 2012 年

9 月就有一篇報告說，服用苯二氮卓類安眠藥，會增加阿茲海默症的風險[2]。

同樣地，2014 年 9 月有另一篇報告[3]，說明服用苯二氮卓類安眠藥，會增加阿茲海默病的風險。

不過，在 2015 年 10 月及 2017 年 3 月，分別有兩篇報告表明，並沒有看到服用苯二氮卓類安眠藥，會增加阿茲海默病的風險。這兩篇報告分別是〈苯二氮卓類藥物的使用和發生阿茲海默病或血管性癡呆的風險：病例對照分析〉[4] 及〈苯二氮卓類藥物的使用和發生阿茲海默病的風險：基於瑞士聲明數據的病例對照研究〉[5]。

也就是說，服用安眠藥是否會增加阿茲海默病的風險，仍具爭議。但是，無可爭議的是，安眠藥絕非是治療或應付失眠的首選。安眠藥除了有很多副作用之外，也不能讓人真的進入熟睡的狀態。服用安眠藥的人在睡醒後，反而會有頭暈，沒睡飽的感覺。說得難聽點，安眠藥並沒有讓你安眠，只是把你迷昏了。

這也就是為什麼，所有正規的醫療機構，都建議要以生活形態改變來作為應付失眠的首選。因為藥無好藥，能不吃就不吃。我的建議是盡量用生活形態的調整來應付失眠及三高等慢性病。而所謂生活形態改變，可以參考以下作法：

- 去除造成失眠的因素，如掛心子女或事業等等。也就是說，要看得開，放得下，把健康擺第一。
- 每天固定的時間三餐及睡覺。
- 每天早晨曬太陽（調整生理時鐘）。
- 每天做足夠及適量的運動，但不得遲於睡前四小時。
- 避免酒精、咖啡因和尼古丁。

阿茲海默救星尚未出現

2017 年 11 月，好友寄來一篇文章，出自他付費訂閱的財經分析線上雜誌《史坦斯貝瑞文摘》（The Stansberry Digest）。文章的標題是「破解阿茲海默的魔咒」（Breaking the Alzheimer's Curse），內容介紹一種阿茲海默症新藥給讀者（即投資人）。另外《財富》（Fortune）也在 2017 年 10 月發表「一種新的免疫療法能破解阿茲海默藥物的魔咒嗎？」[6] 所以，好友之所以希望聽我的意見，可能除了想獲取科學新知，也想做為投資的參考。但接下來我的說明只根據目前的科學研究，不具有任何投資建議。

其實，這篇文章的前言裡已表明，它只是一個更新版（原作發表於 2016 年 10 月），主要目的是藉由分析一篇剛發表的臨床研究報告，來慫恿投資。該研究報告是發表在頂尖科學期刊《自然》（Nature），而標題是「抗體 aducanumab 減少阿茲海默病的 Aβ 斑塊」[7]。該臨床研究屬於第一期，而其結果表明，學名為 aducanumab 的抗體，能有效清除病患腦中的斑塊，同時也能改善病患的認知功能。由於這樣的療效遠遠好過預期，研發該抗體的公司決定跳過二期臨床試驗。目前正在進行的第三期臨床試驗，預計將在 2019 年完成。由於還在進行中的臨床試驗需要保密，所以目前對於此一抗體療效的認知，也就完全局限於對那篇發表於 2016 年的報告的解讀。

但讀者需要注意，阿茲海默的病理是極端複雜。因此，新藥的研發難免會顧此失彼。Aducanumab 是專為清除 Aβ 斑塊而研發的。但有些阿茲海默症的專家，認為此病的元兇並非 Aβ 斑塊，而是 tau 蛋白或其他分子。事實上，在 Aducanumab 出現之前，已經有好幾個針對 Aβ 斑塊的抗體進行的臨床試驗，但最終都以失敗收場[8]。

所以那篇文章只告訴投資人這個研究光鮮亮麗的一面，但不知已有多少前人在新藥研發上血本無歸。而誰又敢說 Aducanumab 不會重蹈覆轍？

也實在是巧合，就在同一天，世界首富比爾．蓋茲宣布個人（不是他的基金會）捐出一億美金，來幫助阿茲海默症的研究。如果 Aducanumab 真如文章所說能破解阿茲海默的魔咒，那聰明如蓋茲者，還會做這樣的宣布嗎？

不管如何，不論是學術界或生技業，都正在大量投入阿茲海默新藥的研發[9]。但願由於他們的努力，真的會有這麼一天，阿茲海默的魔咒能被破解。

林教授的科學養生筆記

· 目前為止，服用安眠藥是否會增加阿茲海默病的風險的醫學論文是正反都有，所以還有爭議

· 安眠藥絕非是治療或應付失眠的首選，除了有很多副作用之外，也不能讓人真的進入熟睡的狀態，調整生活型態才是解決失眠的根本之道

· 阿茲海默的病理極端複雜，抗體 aducanumab 只是正在進行中的一個研究，成敗尚未可知

膽固醇，是好還是壞？

#雞蛋、飲食指南、高密度膽固醇、運動

有人吃雞蛋只吃蛋白，而把營養高的蛋黃丟到垃圾桶；也有人看著一桌子的海鮮，只能流口水而不敢下筷。為什麼？因為他們相信吃高膽固醇食物，會讓血液中的膽固醇升高。

無須過度擔心高膽固醇食物

真的嗎？食物中的膽固醇，跟你本身的膽固醇有關聯嗎？長庚醫院的網站，提供非常詳盡的膽固醇食物含量對照表，並且在對照表的下面寫著：「注意事項：美國心臟學會建議，每人每日所進食的膽固醇不應超過二百毫克」。

看了這樣一間大醫院提供的資訊，是不是讓你更深信不疑，不敢吃高膽固醇食物？我先說「二百毫克」是錯的，美國心臟學會建議的上限是「三百毫克」。但這不是重點，真正重要的是，早在2013年，美國心臟學會就已放棄「三百毫克」這個立場。而這個立場的改變是因為，由該學會和「美國心臟學院」（American College of Cardiology）共同主持的研究調查結果，無法繼續支持過去認為「食物中的膽固醇和食用人血液中的膽固醇有關聯」的觀點。有興趣的讀者，可參考註釋的網址，閱讀該研究報告[1]。另外，食物中的膽固醇是否會增加心血管疾病的風險，也無法得到確認。這個結論發表在2015年的論文[2]。

上面這兩份報告，很少人知道。但美國農業部發表的最新〈美國飲食指南〉（2015-2020）[3]，則引起軒然大波。該指南是由眾多專家所組成的諮詢委員會所撰寫，並附有一份科學報告[4]。我把它有關食物膽固醇的結論，翻譯如下：

先前〈美國飲食指南〉，建議膽固醇攝取量不超過每天三百毫克。2015年的飲食指南諮詢委員會，將不再提出這一建議。因為，已有的證據顯示，飲食中的膽固醇和血清膽固醇，並沒有可認知的關係。這與美國心臟學會和美國心臟學院的調查報告結論是一致的。膽固醇不是一個當過度攝取時需要關注的營養素。

這個指南公佈後不到一年，美國農業部就被一個叫做「美國責任醫師協會」（PCRM）的團體告上法庭[5]。其告狀聲稱，撰寫該指南的諮詢委員會的成員接受雞蛋工業的金錢資助，才會寫出這麼一個對雞蛋工業有利的飲食指南。

所以就跟之前曾談過的基因改造議題一樣，食物膽固醇也是官方說 OK，而民間偏說不 OK。但就我看過的科學報告大多認為，我們血液中的膽固醇，只有少量是來自食物膽固醇。也就是說，高膽固醇食物不應當讓你過度擔心。

我想大多數的讀者知道，血液中的膽固醇有好和壞兩種。可食物中的膽固醇有好壞之分嗎？當然沒有。也就是說，**不管你吃下的食物膽固醇是多或少，最後決定它會變成好的或壞的，是你自己。更正確地說，是由你自己的生活形態來決定。**

如何增加好膽固醇？

前面寫到，美國心臟學會已不再建議設定膽固醇攝取量的上限。但這並不表示，從此就可以天天吃牛排大餐。我想，您一定聽過膽固醇有好壞兩種，但嚴格地講，膽固醇本身並沒有好壞之分。

所謂的好膽固醇是指搭著「好車」的膽固醇，而壞膽固醇是指搭著「壞車」的膽固醇。所謂好車，指的是「高密度脂肪蛋白」，寫是 HDL。所謂壞車，指的是「低密度脂肪蛋白」， 寫成是 LDL。

為什麼 HDL 是好，而 LDL 是壞？這是根據很多調查發現，HDL 的量和患心臟血管疾病的機率成反比；而 LDL 的量則和患心臟血管疾病的機率成正比。

至於為什麼會這樣，現在還沒有已被實驗證明的解釋。目前被廣為接受的理論是，HDL 把膽固醇運出血液，降低血管被塞住的風險。而 LDL 則把膽固醇運入血液，增加血管被塞住的風險。

那要怎樣才能增加 HDL 或降低 LDL 呢？目前很肯定的是，決定 HDL 和 LDL 的量，基本上有三個因素：遺傳、飲食習慣和運動量。

我們目前還沒有方法可以改變遺傳，所以我就不再談遺傳。但很多研究已發現，飲食清淡不但可以降低總膽固醇的量，更可以提高 HDL 和降低 LDL。那怎樣才是飲食清淡？提供您做參考的是含有大量蔬果、豆類、橄欖油、天然穀物，和適量魚、乳製品、肉和紅酒的地中海飲食[6]。

其實，不管是地中海還是地外海，主要的原則就是多吃青菜少吃肉。當然，這種老生常談的論調，總是說得容易，但做起來難。所以，我都會跟朋友說，就選那個讓你比較不痛苦的吧，只要願意付出代價。最後強調，可能比飲食更重要的是——運動。尤其如果你不太願意犧牲口福，那就更要多做運動。此點無需懷疑，因為這方面的文獻已經多到無需再提。

林教授的科學養生筆記

· 因為無法證實食物中的膽固醇和食用人血液中的膽固醇有關聯，美國心臟學會已在2013年放棄每人每日進食的膽固醇上限為300毫克的立場

· 我看過的科學報告大多認為，我們血液中的膽固醇，只有少量是來自食物膽固醇。也就是說，高膽固醇食物不應當讓你過度擔心

· 飲食清淡不但可以降低總膽固醇的量，更可以提高好膽固醇和降低壞膽固醇，地中海飲食就是很不錯的參考，多吃青菜少吃肉和運動也很有幫助

五十歲以上的運動通則

#重量訓練、網球、高爾夫、跑步

我的親朋好友們，都知道運動對健康很重要，所以常問我要怎麼運動。首先強調，本篇有關運動的論述，主要針對五十歲以上的人。還有，雖然運動對健康的重要是無可爭議，但並沒有舉世公認的科學證據說，哪一種或哪些運動，對年紀大的人比較有幫助。

我先解釋自己為什麼夠資格談這個話題。且不談高中大學時所玩的各種運動，就說來美國之後，我持續一年三百六十五天做運動也有三十年了。雖然近幾年來，激烈的程度是一年不如一年，但以一個六十歲出頭的人來講，我的運動量還是相當可觀的。最近半年來，我以每八天為一週期。第一跟第五日跑步；第三跟第七日游泳；其餘四天舉重。每次跑步跑三十分鐘，四點八公里；每次游泳游四十分鐘，一點六公里（混合四式）。舉重則是利用健身房裡各式機器，但以胸、背、臂膀為重點。

什麼是最好的運動？

為了能正確地做運動，我經常觀察健身房裡教練怎麼教，也持續閱讀相關的文章，吸收最新知識。所以，我應該是夠資格談這個話題。年輕時的運動主要是以好玩為訴求，年紀大時則應以保健為目標。保健的運動最好是：一、持續的，二、均衡的，三、有適當強度的。

一、持續的。指沒有間斷的，像跑步跑三十分鐘，游泳游四十分鐘，就是持續的。跑步時，最好不要跑跑停停（如跑一分鐘走兩分鐘）。游泳則可以每游一百或二百公尺，就休息一分鐘。

二、均衡的。就是全身上下左右，有推就有拉，有伸就有屈。像網球和高爾夫球雖然好玩，卻是以單手為主，會因為不均衡而造成運動傷害。我也奉勸只走路或騎腳踏車的朋友，最好也做些手臂的運動。

三、有適當強度的。指在身體條件允許的情況下，做最費力的運動。如果你能以每小時四點八公里的速度走三十分鐘，那下次就把速度調到五公里。總之，目標是把心肺功能調到你能承受的最高點。

其實「最好的運動」這個題目並不是一篇或兩篇文章就能完整地回答。尤其，運動的種類有上百甚至上千種，而每一種都有它的優缺點。大多數的球類運動，像網球和高爾夫球，是左右不平衡的，所以可能會引發肌肉疼痛[1]。而發球所需的大力一揮，往往也因多數人動作不正確，容易造成關節受傷。不過，話又說回來，打球時朋友相聚，嘻嘻哈哈，談天說地，畢竟是有益健康的。所以，如果你認為沒有疼痛或受傷的風險，那就無妨打打。

重量訓練的必要性

相較於球類運動，在健身房裡和機器對抗的重量訓練，可能會是很無聊的。但它提供的是均衡的、穩定的，以及全身性的操練。所以，從物理的角度來看，它對年紀大的人來說，是比球類運動來得較有幫助。

也就這麼巧，寫到這裡正好收到一封電郵。它是哈佛大學提供給大眾的免費健康資訊。標題是「想活得更久更好？重量訓練」（Want to live longer and better? Strength train）[2]，我將其中兩段話翻譯如下：

一個人從三十歲到七十歲，平均會失去四分之一的肌肉力量，而到九十歲，則會失去一半。「光是做有氧運動是不夠的，」羅伯特・施雷伯醫師（Dr. Robert Schreiber）說：「除非你是做重力訓練，否則你會變得虛弱，缺乏功能。」

一個初學者的重力訓練只需二十分鐘，而且也無需吼、撐或流汗。關鍵是制定一個全面性的方案，進行有良好姿勢的練習，以及有一貫性。力量在四到八週之內，就會有明顯的長進。

在健身房，我見過有人只做跑步。他們很勤快地每天跑步，跑幾十分鐘。運動量可說是相當可觀。可是，他們的上半身像掛了幾個小水袋，隨著步伐，一抖一抖地跳動。真是非常可惜，虧了他們如此努力地運動。我就想不透，為什麼他們從沒想過要做點上半身的運動。這樣不但可以加強上半身的力量，也可減輕雙腿的負荷。

就像那篇哈佛文章所說的，只要做一些簡單不費力的重力訓練，就可以很快地改善體力。所以，我奉勸只做雙腿運動的朋友，最好還是加入一些雙臂的運動，這樣才會有全方位的健康。

林教授的科學養生筆記

- 年輕時的運動主要是以好玩為訴求，年紀大時則應以保健為目標。保健的運動最好是：一、持續的，二、均衡的，三、有適當強度的（會流汗喘息）
- 健身房裡的重量訓練，雖然看似無聊，但提供的是均衡的、穩定的，以及全身性的操練。從物理的角度來看，重量訓練對年紀大的人比球類運動更有幫助

阿司匹林救心法

#普拿疼、冠狀動脈、止痛藥、可體松、布洛芬

某天和朋友聚餐時，有人提到可以服用阿司匹林救心，可惜莫衷一是，沒有結論。因為這是人命關天的大事，必須加以澄清，所以我特別寫了這篇文章。

冠狀動脈梗塞的原因

心臟病發作常被稱為心肌梗塞，但其實心肌是不會梗塞的。真正梗塞的是冠狀動脈，也就是供應氧氣及養分給心肌的血管。冠狀動脈之所以會梗塞，是因為它的管壁上有膽固醇堆積形成的斑塊，有時候斑塊會破裂，進而吸引及激活血小板來包裹破裂的斑塊。當斑塊被血小板包裹到足以塞住血管時，該條冠狀動脈就無法繼續供應氧氣給其下游的心肌。那些心肌就會死亡（而非梗塞），心臟無法正常運作，人就會猝死。

被激活的血小板會製造及分泌「血栓素」（thromboxane）。而「血栓素」會進一步激活其他的血小板，形成一個惡性循環，加速冠狀動脈梗塞。血小板製造「血栓素」的過程需要由「環氧合酶」（cyclooxygenase）來催化。而阿司匹林具有抑制「環氧合酶」的功效。

保養型和急救型的重點

服用阿司匹林來救心，分成保養和急救兩型。所謂保養就是每天吃低劑量，預防血栓的形成。低劑量指的是 81 到 325 毫克之間，由醫師根據病患個別情況而決定。

很重要的是，一旦保養就不可以突然停止，因為會有反彈作用，引發心臟病發作的危險。所謂「急救」，就是在有心絞痛症狀時，趕緊吃一粒 325 毫克。但是，如何正確地吃這一粒急救用藥的步驟，是非常重要的。

在一篇 1999 年發表的研究裡[1]，有十二名志願者在三個不同日子裡以三種不同方式服用阿司匹林。第一種是先花三十秒咀嚼一粒 325 毫克的阿司匹林，然後喝 120 毫升的水，將藥吞嚥。第二種是將一粒 325 毫克的阿司匹林跟 120 毫升的水，直接吞嚥。第三種是喝 120 毫升的 Alka Seltzer（含有阿司匹林的抗酸藥）。實驗結果如下：

第一種方式：在服用後五分鐘達到降低血清「血栓素」濃度 50%，在服用後十四分鐘達到最大血小板抑制作用。

第二種方式：在服用後十二分鐘達到降低血清「血栓素」濃度 50%，在服用後二十六分鐘達到最大血小板抑制作用。

第三種方式：在服用後八分鐘達到降低血清「血栓素」濃度 50%，在服用後十六分鐘達到最大血小板抑制作用。

所以，先咀嚼再吞嚥會比直接吞嚥還快差不多兩倍達到抑制血小板的作用。也就是說，如要急救就需要先咀嚼藥片再吞嚥。另外，用來急救的阿司匹林，不可以是「腸溶」劑型的。因為這種劑型被吸收的速度較慢，所以會延緩急救的功效。補充說明：以上步驟主要參考一篇哈佛的文章[2]及一篇梅友診所（Mayo Clinic）的文章[3]。

有心臟病的人最好隨身攜帶阿司匹林

我們來看一下 2015 年 4 月一則新聞[4]，其中有兩個重點是想要採行阿司匹林保心法的讀者應該注意的：

密西根大學醫學院內科醫學副教授馬克・芬瑞克（Mark Fendrick）曾表示，如果他漂流荒島，阿司匹林是他會隨身攜帶的藥物之一，因為成本每天只要兩分錢，卻有很多益處。

但阿司匹林其實也有嚴重副作用，經常服用的話，即使是緩衝型或腸溶性的阿司匹林，得到胃腸道穿孔性潰瘍或出血的可能會提高一倍。每年因這個問題而死亡的人多於死於哮喘或子宮頸癌者，卻鮮少受到注意。

最需要每天吃阿司匹林的人，是有個人或家族心臟病史的人，包括心臟病發作、中風或心絞痛、糖尿病患以及有得到心臟病的多重風險因素，例如高血壓、高膽固醇或吸菸的人。研究顯示，從未有過心臟病發作或中風者，日服阿司匹林可把冠狀動脈心臟病的風險減少 28%。

第一段表明了有心臟病的人，隨身攜帶阿司匹林是個可行的方法。第二段提到「即使是緩衝型或腸溶性的阿司匹林也會傷胃」，這觸及到一個常見的迷思：「腸溶性的阿司匹林不會傷胃」。

藥廠當初研發腸溶性的阿司匹林，是認為只要阿司匹林不與胃壁接觸，就不會引發胃痛或胃出血。但哈佛大學的研究發現，即使藥片安全到達腸子才溶解，阿司匹林還是一樣會傷害胃細胞[5]。原因是阿司匹林經由小腸吸收後，進入血液而循環到全身每一個部位。一旦到達胃，它會抑制胃細胞裡的「環氧合酶」，使得胃細胞無法抵抗胃裡的強酸。所以，**腸溶性的阿司匹林一樣傷胃，一樣會引起穿孔性潰瘍。**

所以結論是該吃還不該吃？這是目前醫學界一直在討論的議題。我的建議是，你若屬於心臟病或中風的高風險族群，那最好還是吃。

為何止痛藥強調不含阿司匹林

有位朋友在看過我發表的幾篇有關阿司匹林的文章之後，私底下問我：為什麼現在很多止痛藥都強調不含阿司匹林？要回答這個問題之前，需要先對止痛藥的類別及藥理，做個簡單的介紹。由於鴉片類止痛藥是處方藥，所以我就不做介紹。非處方的止痛藥，也就是民眾可自行購買及服用的，可分為「消炎性」及「非消炎性」兩大類。

非消炎性止痛藥，顧名思義，這類止痛藥是適用於控制非發炎性的疼痛，例如感冒和頭痛。它們是通過抑制中樞神經（阻斷痛覺傳導）來達到止痛的效果。最具代表性的莫過於乙醯胺酚（Acetaminophen，同 Paracetamol），而由它所衍生出來的品牌多不勝數。**在台灣最有名的莫過於普拿疼（Panadol），而在美國則為泰諾（Tylenol，台灣也有）。乙醯胺酚除了止痛之外，也有退燒的功效，但沒有消炎功效。它的副作用很少，但過量會損害肝臟，尤其是酗酒者或已經有肝病的人。**

消炎性止痛藥則適用於控制發炎性的疼痛，如肌肉酸痛和關節炎。它們的醫學名稱是「非類固醇抗炎藥」（Non-Steroidal Anti-Inflammatory Drugs，簡稱 NSAIDs)。那，為什麼會取這麼一個拗口冗長的名字呢？這就需要先從類固醇談起。

我最常在文章中談到的類固醇就是維他命 D，而連帶一起常提到的類固醇就是男性荷爾蒙（睪酮）和女性荷爾蒙（雌激素）。另外有一個我從沒提起但很有名的類固醇，那就是可體松（Cortisone）。可體松可以通過抑制免疫反應來達到消炎止痛的功效，所以它是「類固醇抗炎藥」。雖然可體松有非常好的消炎止痛功效，但它卻也有非常多不良的副作用，如精神病、骨質疏鬆、腎上腺萎縮等等。所以，它必須要有醫師的處方才能用，而這當然就限制了它的普及，使其無法成為日常用藥。

相對於「類固醇抗炎藥」，當然就是「非類固醇抗炎藥」。「非類固醇抗炎藥」是通過抑制「環氧合酶」（Cyclooxygenase，COX）來達到消炎止痛的功效。「環氧合酶」分為 COX-1 及 COX-2 兩種。第一代的「非類固醇抗炎藥」會抑制 COX-1 及 COX-2。第二代的「非類固醇抗炎藥」則只會抑制 COX-2。（不過實際情況並非如此壁壘分明）

COX-1 具有減少胃酸分泌，增加胃黏液分泌等保護胃壁的功能。所以當它被抑制時，就可能會引發胃潰瘍。而這也就是為什麼會有需要研發第二代（只會抑制 COX-2）的「非類固醇抗炎藥」的原因。最經典的第一代「非類固醇抗炎藥」，非阿司匹林莫屬。而它當然也是眾所皆知的胃潰瘍高手（常會引發胃潰瘍）。

另一個也堪稱經典的第一代「非類固醇抗炎藥」是布洛芬（Ibuprofen，商品名「芬必得」）。由於它是如此地「受歡迎」（尤其在美國），以至於有人戲稱它為「維他命 I」（沒它不能活）。雖然它也會引發胃潰瘍，但不像阿司匹林那麼嚴重。

最為人熟知的第二代「非類固醇抗炎藥」是希樂葆（Celebrex）。它雖然不會引發胃潰瘍，但上市後卻被發現有引發心臟病及中風的風險。所以，原本很聰明的發明（要取代第一代），卻反而淪為需要處方，無法普及的藥。

好，現在可以來談為何止痛藥要強調不含阿司匹林。在台灣，「不含阿斯匹靈、不傷胃」是家喻戶曉的洗腦廣告詞，而它就是為普拿疼量身打造的。（aspirin 的中文音譯有多種版本，如阿斯匹靈、阿斯匹林等等）所以，這就是行銷手法。就是利用阿司匹林會傷胃的惡魔形象，來凸顯自己的溫和善良。

沒錯，就如前面所說，普拿疼（即乙醯胺酚）的副作用的確是較少也較溫和。但是，由於它沒有消炎的功效，所以它所能應付的毛病也就相對地較少。還有，它會傷肝的風險，也是不容忽視的。

林教授的科學養生筆記

- 是否該吃阿斯匹林來保養心血管，這是目前醫學界一直在討論的議題。我的建議是，你若屬於心臟病或中風的高風險族群，那最好還是吃
- 服用阿司匹林來救心，分成保養和急救兩型。保養是每天吃低劑量，預防血栓的形成。而急救型的吃法，步驟很重要，請讀者不要等閒視之
- 普拿疼的副作用相對於阿斯匹林較少也較溫和，但由於沒有消炎的功效，所以所能應付的毛病也就相對地較少，還有傷肝的風險，也是不容忽視的

Part 4

書本裡的偽科學

葛森療法、救命飲食、生酮減肥、間歇斷食、酸鹼體質……出版界每年流行的健康議題千奇百怪，哪些可信哪些可疑？

似有若無的褪黑激素「奇蹟」療法

#失眠、時差、伊波拉病毒、阿司匹林

2018年7月，讀者Andy寄信給我，他說：最近看到了許多關於褪黑激素各種神奇功效的資訊，例如《褪黑激素奇蹟療法》這本書中所提，除了常見的助眠功能外，居然還有許多神奇的效用，並強調沒什麼副作用。所以想請教授幫忙確認這個資訊的可信度。

讀者所提到的這本《褪黑激素奇蹟療法》（The melatonin miracle: nature's age-reversing, disease-fighting, sex-enhancing hormone），其繁體中文版上市日期是2018年2月，但原文書的出版日期卻是遠在1996年3月。這樣一本二十二年前的書，現在才被翻譯出來賣，是什麼道理？而您知道，這二十二年來有關褪黑激素的醫學論文有多少嗎？答案是將近兩萬篇！

英文版的亞馬遜網站書籍資料為 1996 年出版

也就是說，平均是以每天二、三篇的速度在發表。所以，讀者從這本書所獲得的資訊，是不是堪稱石器時代？當然，石器時代是不可能已經在談「增進性能力」。所以，我承認我是在誇大其辭。只不過，您應當可以理解，我的目的就只是要強調，這本翻譯書也未免太跟不上時代了吧。

不管如何，就研究的項目而言，褪黑激素的確幾乎是無所不治。不信的話，您可以看看這篇 2014 年發表的綜述論文〈褪黑激素，黑暗的激素：從睡眠促進到伊波拉病毒治療〉[1]。

伊波拉病毒治療！這可不是網路謠言，而是千真萬確的醫學資訊，而且還是有條有理，絕非空穴來風。其他褪黑激素治療的對象還包括高血壓、癌、阿茲海默、記憶衰退、帕金森、毒癮、心血管疾病、寄生蟲、糖尿病、精神病、眼疾、口腔炎、胰臟炎、牙周病、肝病、細菌感染、中風、肥胖、頭痛等等等。

但是，您有沒有注意到，我是說「就研究的項目而言」。也就是說，這些「百病的治療」，目前都還停留在「研究」的階段。至於它們是否會前進到「臨床」的階段，我個人對此不太樂觀。

這是因為，縱然是目前最確定的「失眠治療」，也不是人人都有效。還有，眾所皆知的「時差調整」，也一樣是因人而異。也就是說，**褪黑激素似乎是什麼病都能治，但似乎又是什麼病都不能治。一切都是似有若無，捉摸不定。**

所以，所謂的褪黑激素奇蹟療法的確是「奇蹟」。尤其是增進性能力這點。想想看，吃了褪黑激素之後，是不是會昏昏欲睡，而當你昏昏欲睡時，還會想嘿咻嘿咻嗎？

至於「沒什麼副作用」，當然也是誇大。目前已經確定的副作用有頭暈、噁心、嘔吐、嗜睡、焦慮等等。另外，褪黑激素也會影響其他藥物的作用，例如抗凝藥（阿司匹林）、免疫抑制劑、糖尿病藥、避孕藥等等。總之，不管是「奇蹟療法」，還是「無副作用」，都是行銷手法，聽聽就好，不要太信以為真。其實在我們平常吃的食物之中，幾乎都含有褪黑激素，尤其是穀類（玉米、紫米），含量更是高[2]。但是，雖然是天天吃，您卻根本就不知道，也沒有任何感覺，不是嗎？所以，這又是「什麼功能都有，卻什麼功效都沒有」。

林教授的科學養生筆記

- 近二十二年來有關褪黑激素的醫學論文有將近兩萬篇，內容可以說是無所不治，但都停留在研究而非臨床階段，並沒有確定的真正臨床療效
- 我們平常吃的食物之中，幾乎都含有褪黑激素。尤其穀類如玉米和紫米，含量更是高，但卻不會給食用者任何特別的感覺
- 褪黑激素確定的副作用有頭暈、噁心、嘔吐、嗜睡、焦慮等等，也會影響其他藥物的作用，例如抗凝藥（阿司匹林）、免疫抑制劑、糖尿病藥、避孕藥等等

備受爭議的葛森癌症療法

#自然療法、癌症、咖啡灌腸、排毒

好友寄來一封電郵詢問我的意見，標題是「癌症的十大自然療法」，原文作者是喬許・艾克斯（Josh Axe）。文中所列舉的十大「自然療法」和內文節錄如下：

一、葛森療法（Gerson Therapy），二、布緯食療（The Budwig Protocol），三、蛋白水解酶療法，四、維生素C螯合療法，五、乳香精油治療法，六、益生菌食品和補充劑，七、曬太陽＋補充維生素D3，八、薑黃與薑黃素，九、氧療與高壓氧艙，十、冥想默禱與內心平和。

本文作者喬許・艾克斯博士是經自然醫學會（DNM）認證的醫師和經美國營養學院認證的臨床營養師，也是脊骨神經醫學博士。

2008 年他開始運營「出埃及記健康中心」(Exodus Health Center)，已成為全球最大的功能醫學(Functional Medicine)診所之一。其創辦的網站 www.DrAxe.com 則是訪問量排名全球前 10 的自然健康網站(月訪問量逾六百萬)，探討話題包括營養、天然藥物、健身、健康食譜、家庭療法和熱門健康新聞等。

自然療法的盛行與危害

信件裡面列舉的十大「自然療法」裡的第二到第十條，我想讀者應當有能力自行判斷它們的功效會是如何。至於第一條葛森療法(Gerson Therapy)，是一種很危險的療法，曾造成許多病患死亡，我在本文會詳細介紹。有鑑於此，任何建議做此療法的人，我想就應當被「另眼相看」，而喬許．艾克斯就是屬於這種需要被另眼相看的另類人物。

網路上有非常多有關此人的資訊，大多是他自己的歌功頌德。不過，偶爾還是可以看到幾篇「揭發披露」的文章。例如：「喬許．艾克斯在 Dr. Oz 電視節目胡說八道」[1]、「偶然中毒，喬許．艾克斯被揭穿」[2](Axe-idental Poisoning (Josh Axe Debunked)，Axe-idental 是 Accidental 的變形，將此人的姓 Axe 取代 Acc，暗示他的言論像毒藥)、「喬許・艾克斯『博士』在思考抉擇下一個假博士學位」[3]

從這三篇文章的標題，讀者應當就可以看出，喬許・艾克斯是一位自稱醫生的自然療師。不論是在美國、台灣或在世界各地，有太多太多的自然療師，他們利用網路、書籍、演講、影片等等，來販售各種保健品圖利。不可思議的是，他們都擁有廣大的粉絲團，書籍的銷量也很驚人。究其原因，是**人們一聽到手術、化療、電療這些醫學治療方法就害怕，而聽到吃草藥、喝果汁、曬太陽、冥想等自然療法就很放鬆。只不過，「自然」真的有效嗎，還是在浪費您的時間和金錢，甚至於耽誤了正規治療的時間？**

有一位名叫布麗特・瑪麗・賀密士（Britt Marie Hermes）的女士曾經是自然療師，但現在卻致力於揭露自然療師的種種不肖行為。為此她還成立了一個叫做「自然療法日記」（Naturopathic Diaries）的網站。在 2016 年 7 月 6 日，她發表了一篇「自然療法有太多的庸醫」（Naturopathic medicine has too much quackery）[4]，而在另一個叫做「科學醫藥」（Science-Based Medicine）的網站，她也發表了四篇深度談論自然療法學院的種種胡作非為[5]。總之，從這麼一位洗面革新的過來人口中，您應該可以自己判斷孰是孰非吧。

葛森療法的內容

現在來詳細說明一下所謂十大癌症自然療法的第一項，葛森療法。《救命聖經．葛森療法》（The Gerson Therapy）一書，在台灣和美國都十分暢銷，信徒也很多，所以當我做完葛森療法的研究之後，覺得有必要把它介紹給讀者。尤其是如有人正考慮選擇此一療法，希望他能在看完此文之後，才做最後決定。

「葛森療法」是馬克思．葛森（Max Gerson，1881-1959）於1920年代為治療自己的頭痛而創立。不久後，它的主要治療對象轉為結核病患。目前，它最廣為人知的治療對象是癌症。

葛森認為癌細胞會產生大量毒素，而肝臟為了清除這些毒素會不勝負荷。所以，葛森療法的重點就是要分擔清毒的工作（所謂的排毒），同時恢復和保持健康的肝功能。而要達到這個目標，就需要：一、嚴格控制飲食，二、補充營養，三、咖啡灌腸。

嚴格控制飲食的做法是，病患必須素食至少六週，吃特定的水果和蔬菜，而這些蔬果必須是生吃，或用本身的汁液燉煮，鹽或任何香料都不允許，亞麻籽油是唯一可以加入烹煮的油，鍋具絕不可以是鋁製的，只能是鑄鐵。除此之外，病患必須每天十三小時，每一小時喝一杯新鮮配製的果菜汁。果菜汁必須是將水果和蔬菜用特製的榨汁機壓碎，而不是用果汁機打碎。此一特製的「葛森果汁機」在當時（六十幾年前）是賣一百五十美金一台。

補充營養的做法是：一、服用碘化鉀、維他命 A、C 及 B_3、胰島腺酶及胃蛋白酶。二、注射粗製的生牛肝萃取物及維他命 B_{12}。三、咖啡灌腸的做法是，用剛煮好的咖啡（不過濾），將其從肛門灌入直腸及大腸。這需要自己做，每天做一到四次。

葛森療法爭議實例

在1946年和1949年，兩篇發表在美國醫學會期刊的文章總結，此一療法是沒有價值的。美國國家癌症研究所審查葛森 1947 年的十個病歷及 1959 年的五十個病歷，得到的結論是，此一療法沒有任何好處。

在 1972 年及 1991 年，美國癌症協會曾兩度公佈對此一療法負面評估的聲明，強調其功效缺乏科學證據。葛森療法從未通過美國 FDA 的審核，所以它在美國是非法的。馬克思・葛森死於 1959 年。他的女兒夏綠蒂・葛森（Charlotte Gerson）在 1977 年在加州聖地亞哥設立葛森研究所（Gerson Institute）。此一機構的宗旨就是推廣葛森療法。它提供教學課程、販賣產品並且經營兩家診所。在墨西哥的診所，收費為每一星期療程五千五百美金，至少需兩星期。在匈牙利的診所，其收費為兩星期療程六千五百歐元。

在 1979 到 1981 的兩年期間，有十位病患被送進聖地亞哥地區的醫院接受治療。他們共同的病歷是在發病前一週內接受葛森療法（九人癌症，一人紅斑狼瘡）。其中有九人是在墨西哥的葛森診所做治療，另一人則是在自己家裡。他們共同的症狀是敗血症。其中九人的血液分離出「胎兒彎曲菌」（Campylobacter fetus），另一人則從腹腔液分離出同一細菌。因為此菌通常是牛羊特有的（會引發流產），所以推測這十位病患的敗血症是源自於服用（吃或注射）受細菌污染的生牛肝。另外，這十位病患中，有五位因極端低血鹽而昏迷，而低血鹽可能是因為飲食禁鹽或因為咖啡灌腸。有一病患於一周內死亡。

2015 年 3 月 6 日，澳洲新聞報導「健康鬥士」（The Wellness Warrior）去世的消息[6]。這位鬥士的本名是潔西卡・安思考（Jessica Ainscough），生於 1985 年，死於 2015 年，得年三十歲。她在二十二歲時（2007 年）被診斷出左手罹患「上皮樣肉瘤」（epithelioid sarcoma），需要截肢。但她決定採用葛森療法，並且設立「健康鬥士」網站報導治療的進展及提供醫療建言。此網站受到廣大的歡迎，使她有六位數的收入。她的報導總是正面，儘管所附上的相片都避免露出左手。她的母親也在 2011 年被診斷出罹患乳癌，同樣決定採用葛森療法，結果兩年後死於乳癌。

讀者如上網搜尋，保證會看到一大堆鼓吹葛森療法的資訊。這當然也包括了許多台灣的團體及個人提供的「互助」、「日記」等等。我之所以寫這篇文章，主要是提供科學的證據，希望能讓面臨決擇的人可以多思考一下，而非一面倒地聽到有效，做了可能會後悔的決定。

林教授的科學養生筆記

· 葛森療法是一種很危險的療法，曾造成許多病患死亡。在 1972 年及 1991 年，美國癌症協會曾兩度公佈對此一療法負面評估的聲明，強調其功效缺乏科學證據。

· 葛森療法從未通過美國 FDA 的審核，所以它在美國是非法的。

生酮飲食的危險性

#酮體、椰子油、脂肪、低糖飲食、高脂飲食、糖尿病

2017 年 7 月，有位台灣讀者想請教我一個問題，因為她的朋友正採用一個聽起來蠻恐怖的減肥法，那就是喝咖啡加奶油和椰子油（又稱為防彈咖啡）。這位朋友說效果很好，一個禮拜就瘦了四公斤。但是，她擔心這樣做是不是會損害健康。

我跟她說，這個減肥法叫做「生酮減肥」，我的建議是，生酮減肥可能有效，但需要十分小心。其實，我已經注意生酮飲食快一年了，收集了很多資料和朋友傳來的影片，裡面的人總是會天花亂墜地說生酮飲食能減肥、治糖尿病、治癌等等，台灣出版業也在 2017 和 2018 年趁勢出版了許許多多跟生酮有關的書籍，更加助長這波熱潮。因為這麼多人突然關心起生酮飲食，我就用這篇文章講解它的來龍去脈。

生酮飲食的內容

生酮的意思就是「產生酮體」，所以，生酮飲食就是指「會產生酮體的飲食」。酮體的化學結構是一個氧帶著兩個碳氫鏈。譬如去指甲油的「丙酮」，就是一種酮體。在一般（正常）情況下，我們的身體只會產生少量酮體。但是，如果你的食物嚴重缺乏碳水化合物（如米飯、麵包、馬鈴薯、水果等等），那兩三天後你的身體就會產生大量的酮體。此時身體就會出現失眠、累、沒胃口、拉肚子、便秘等現象，同時呼吸及尿液會有酮的異味。

原因是這樣：在一般（正常）情況下，我們身體的能源是葡萄糖，而葡萄糖是來自碳水化合物。如果食物中缺乏碳水化合物，身體就無法取得葡萄糖作為能源。兩三天後，身體裡的脂肪就會開始被分解成酮體，成為替代能源。這就是「低糖飲食減肥法」的理論基礎，利用剝奪糖分來強迫脂肪分解。

多數讀者應該聽說過「阿特金斯飲食」（Atkins diet，又稱阿金飲食），這是二十多年前風靡一時的「低糖飲食減肥法」。後來因為新聞報導阿特金斯本人是死於他自創的飲食法，而使得此法不再受到追捧。

那，現在正受到追捧的生酮飲食跟過去受到追捧的阿特金斯飲食，有何不同？我們知道食物裡含有三種大分子營養素，那就是碳水化合物、蛋白質和脂肪。一般（正常）飲食裡含有 40% 碳水化合物，30% 蛋白質和 30% 脂肪。「阿金飲食」分成四個階段。第一階段為期兩週，而其食物含有 10% 碳水化合物，20 到 30% 蛋白質，和 60 到 70% 脂肪。在之後的三個階段，碳水化合物的比例可以隨個人需要而逐漸提高。

生酮飲食有幾個不同版本，而所謂的標準版是含有 5% 碳水化合物，20% 蛋白質和 75% 脂肪。所以，生酮飲食和阿金飲食最大的不同就是，前者特別強調脂肪的大量攝取，而後者只注重碳水化合物的控制（不在乎蛋白質和脂肪的個別比例）。

更簡單的說，生酮飲食與其說是「低糖飲食」，還不如說是「高脂飲食」。這也就表示，生酮飲食裡的食物基本上就是高脂肪的肉類（例如培根）。那很多人會問，吃一大堆肥肉，怎麼反而會瘦呢？肯定的說法是，因為肥肉吃多了會膩，會降低食慾，從而降低整體卡路里的攝取。

另一個說法是，「生酮」的過程會造成細胞流失水分，所以體重的減輕是由於脫水，而非失去脂肪。很多人也會問，吃一大堆脂肪，是不是會提高心血管疾病的風險？倡導生酮飲食的人當然說不會。有些甚至會說「生酮飲食」可以降低壞膽固醇，提升好膽固醇等等，反而會降低心血管疾病的風險。

但就醫學證據而言，這並不是一個容易回答的問題。為了長話短說，我就只引用一篇2017年5月發表在知名期刊《營養》的論文，標題是〈生酮飲食對心血管危險因素的影響：動物和人類研究的證據〉[1]。下面是這篇論文結論的精簡翻譯：

根據現有文獻，生酮飲食可能可以改善某些心血管危險因素（如肥胖、二型糖尿病和HDL膽固醇水平）。但是，這種作用通常維持不久。由於生酮飲食富含脂肪，所以可能會產生一些負面影響。例如，老鼠會產生非酒精性脂肪肝和胰島素抗性。在人類，胰島素抗性也是潛在的負面影響，但有一些研究表明胰島素敏感性有所改善。雖然生酮飲食對肥胖的人可能有益，但要維持減肥是一個主要問題。

從這個結論可以得知，生酮飲食對肥胖的人可能有益，但要長久維持，則有困難。目前的醫學界，不管是政府機構（例如美國國家健康研究院）還是私立組織（例如美國心臟協會及肥胖協會），都沒有特別針對生酮飲食做出表態。但不管如何，他們都還是維持建議不要攝取過多飽和脂肪。

美國國家健康研究院的網站僅有一篇有關生酮飲食的文章，日期是 2015 年 8 月 13 日，標題是〈國家健康研究院的研究發現削減膳食脂肪比削減碳水化合物更能減少身體脂肪〉[2]。

這裡所指的研究是〈減少同樣卡路里的情況下，飲食脂肪限制比碳水化合物限制更能導致肥胖人體脂減少〉[3]。簡單地說，在削減同樣卡路里的情況下，肥胖的人採用低脂飲食會比採用低糖飲食多削減 68% 的體脂。由此可見，美國國家健康研究院的立場是傾向於低脂飲食，而非低糖飲食。

不管如何，讀者需要認清生酮飲食是一種相當另類且具有潛在危險性的減肥方法。如想嘗試，一定要先徵詢有經驗的醫生，不可以貿然自行其事。網路上的天花亂墜，就讓它去天花亂墜。不要信以為真。

林教授的科學養生筆記

· 目前的醫學界，不管是政府機構還是私立組織，都沒有特別針對生酮飲食做出表態。但不管如何，他們都還是維持建議不要攝取過多飽和脂肪

· 生酮減肥是一種另類且具有潛在危險性，可能有效，但要長久維持則有困難，而且需要十分小心，想嘗試者請先徵詢有經驗的醫師

「救命飲食」真能救命？

#救命飲食、癌症、膽固醇、素食、美國飲食指南

2018 年 7 月，讀者 risc 寄信給我，他說：林教授您好，最近看了《救命飲食》這本書，書中其實只有強調一個概念，素食（減少動物性蛋白攝取）可以改善，甚至可能治療疾病，包含癌症。作者在書中不斷強調他們團隊有多達三百三十篇醫學論文，看起來含金量頗高，但我其實看不太懂醫學論文以及每個實驗的統計結果是否真的有其意義。在此希望能經由您的專業知識，幫助我們了解書中的內容是否正確。

我先說明，《救命飲食》系列在台灣有兩本，都是同一出版社發行。第一本的副標題是「越營養，越危險」，作者是 T・柯林・坎貝爾和湯馬斯・M・坎貝爾二世（T. Colin Campbell, Thomas M.

《救命飲食》英文版封面

Campbell II），發行日期是2007年5月。第二本的副標是「人體重建手冊：坎貝爾醫生給所有病患的指定讀物」，發行日期是 2016 年 6 月。

第一本的原文書名直譯是「中國研究」（The China Study），第二本則是「坎貝爾計畫」（The Campbell Plan）。這兩個與「救命」或「飲食」毫不相干的英文書名，竟然會被包裝成「救命飲食」，足見台灣出版商的行銷手法。只不過，您如果相信它們真的會救您的命，那就未免太天真了。

中國膳食研究的背景

其實，這兩個英文書名是有淵源和出處的，尤其是「中國研究」，有非常重要的歷史背景。在 1983 年，中國預防醫學科學院、康乃爾大學和牛津大學共同開展一個研究，稱為「中國－康乃爾－牛津計畫」（China-Cornell-Oxford Project），目的是要了解飲食習慣對健康的影響，其方式就是透過調查 1983 到 1984 年間，中國六十五個縣市的飲食習慣，以及 1973 到 1975 年間同地區的人癌症和慢性病的死亡率，希望獲得飲食和疾病的相關性。

這項研究的結果，在 1991 年用中英兩種語言同時發表在《中國膳食，生活方式與死亡率》（Diet, Life-style and Mortality in China），這是一本厚達八百九十四頁的巨著，售價二百四十美元。

T・柯林・坎貝爾當時是帶領康乃爾大學團隊參與這項研究的教授。所以，這項研究後來就成為他撰寫書籍的題材。不管是那本學術巨著，還是後來那本「小說」，它們都有一個很簡單的結論：即動物性食物（包括奶和蛋），是癌症和慢性病（如心血管疾病和糖尿病）的根源。

兩本書中提供了非常多的數據，但這些數據都是透過「觀察」（即非實驗）取得。它們也從未被「同僚評審」（peer-review，這是建立科學性的必要條件）。它們所建立的「食物與疾病的相關性」也就只是「相關性」，而非「因果性」。所以，這兩本書都不應該被拿來當作是醫學或健康指引。

事實上，書上的許多主張是極具爭議性的，有些甚至與科學證據抵觸。例如，書中主張絕對不要攝取任何膽固醇（只存在於動物性食物）。但事實上，最新版的〈美國飲食指南〉（Dietary Guideline for Americans 2015-2020 Eighth Edition）就像之前在膽固醇的文章提到的，已取消對膽固醇攝取的上限（該指南是由數百位專家聯名撰寫的美國官方文獻）。

許多專家與學者也對這兩本書嚴厲批評，認為它們是為了提倡素食而故意妖魔化動物性食物[1]。總之，極端飲食主義者，不管是叫人家要多吃脂肪，還是叫人家要斷絕動物性食物，往往是會操弄或扭曲數據來支撐他們不可能被證實的主張。所以，像《救命飲食》這樣的書，看看參考就好，不要太信以為真。

該如何看待〈美國飲食指南〉

前面提到最新的〈美國飲食指南〉已取消對膽固醇攝取的上限，不過讀者可能不太了解這本官方文獻的重要性，我想有必要在此跟讀者說明一下這個指南的由來和該如何看待其中的建議。

2015-2020 最新版美國飲食指南首頁

第一本〈美國飲食指南〉是在 1980 年發布。十年後，美國國會通過了「國家營養監測及相關研究法」。該法案的第 301 條規定，衛生部和農業部每五年共同審查、更新和發布〈美國飲食指南〉。

從 1980 年到 2010 年的七版〈美國飲食指南〉都是以發布的年份作為標題。2015 年最新的這本（第八版）則改用「2015-2020」。每次發布新版指南之前，衛生部和農業部會召開一個諮詢委員會來審查營養科學的證據。此一諮詢委員會是由具有國家名聲的營養和醫學研究人員、學者和從業人員組成。

諮詢委員會會召開一系列公聽會，而其中一次是讓公眾也有機會發言。此外，公眾在任何時候都可提供書面意見給諮詢委員會。之後，諮詢委員會會制定一份綜合當前科學和醫學證據的諮詢報告。而公眾還繼續有機會在公開會議上對該諮詢報告提出意見。

最後，衛生部和農業部會採用諮詢報告中的信息，以及公共和聯邦機構的意見，來制定新版的〈美國飲食指南〉。每一版指南都根據最新科學資料，鉅細靡遺地列出所有營養素攝取量的每日最低和最高上限（或不設限）。由於它是由聯邦機構制定，所以具有如下的影響力：

· 形成聯邦營養政策和計劃的基礎

· 幫助指導地方，國家和國家的健康促進和疾病預防舉措
· 通知各種組織和行業（例如，由食品和飲料行業開發和銷售的產品）

也就是說，凡是政府管得著的地方（如食品工業和醫療機構），都需要遵照這本指南。但凡是政府管不著的（如營養師、自然療師等私人行業）則無需遵照。所以，儘管指南的制定耗時費日，它也就只是指南，而非法令。更可憐的是，它還要被罵、被告、被不當利用等等，真不曉得值不值得。

對讀者而言，應當注意的是，〈美國飲食指南〉裡的意見都是溫和理性的，既不驚爆也無顛覆。所以，當你看到用聳動標題和誇大語句來談〈美國飲食指南〉的文章時，就直接把它丟進垃圾桶。

林教授的科學養生筆記

· 《救命飲食》書中的數據，都是透過「觀察」（即非實驗）取得，也從未被同僚評審。其建立的「食物與疾病的相關性」也就只是相關性，而非因果性，所以不應該被拿來當作是醫學或健康指引
· 極端飲食主義者（提倡多吃脂肪或提倡不吃動物性食物），往往會操弄或扭曲數據來支撐他們不可能被證實的主張

間歇性禁食，尚無定論

#斷食、糖尿病、減肥

2018 年 7 月，讀者 Andy 來信詢問：我最近看到了一些關於間歇性禁食（Intermittent Fasting）的資訊，例如這篇文章「間歇性禁食：驚人新發現」[1]。我自己搜尋了一下，感覺大部分都是正面看法，然而我媽媽有輕微糖尿病，所以加上關鍵字搜尋之後居然看到這一篇「二型糖尿病：間歇性禁食可能增加風險」[2]。現在有點搞不清楚誰說的是對的，想請問一下您的看法。

所謂間歇並沒有定義

首先，間歇性禁食是一種新興的減肥方法。但是，到底要怎麼做才算是「間歇」，則莫衷是一。而這個不確定性可能就關係到它是否有效，以及它是否有益（或有害）。

讀者提供的第一篇是 2018 年 6 月發表在哈佛大學網站的文章，內容基本上是正面看待這個減肥方法，但是它也提出一些警告。第二篇文章是 2018 年 5 月發表在《今日醫學新聞》（Medical News Today），主要內容是間歇性禁食可能會引發二型糖尿病，它根據的是一個截至目前為止尚未正式發表的研究。這個研究是非正式地發表在一個學術會議上，實驗對象是沒有肥胖問題的老鼠。所以，它的結論是否適用於採用間歇性禁食來減肥的人，是值得商榷的。

但是不管如何，由於所謂的「間歇」，可能是一天數小時或一個禮拜數天，也可能是完全不吃或只是少吃，所以，它對身體的影響可能是有益，也可能是有害，目前醫學界並無定論。

我一向不相信任何極端或激進的減肥方法，例如，叫人家要大吃肥肉或叫人家一下子什麼都不吃。**我唯一相信的就是最簡單的數學公式，即「進 < 出」，就是攝入的卡洛里必須小於用掉的。還有，這個「小於」必須是溫和的。如此才能避免傷害身體，也才能持之以恆。**

16：8 禁食的例子

美國加州州立大學有位王偉雄教授，在網誌分享自己採行溫和的間歇性禁食而得到不錯的效果[3]。他用的這個方法叫做 16：8，也就是每天禁食十六小時，只在特定的八小時內進食。例如，每天只在早上十一點和下午七點各吃一餐，而在兩餐之間只吃些水果。當然，與此同時，運動也是必需的，否則光是減重也不見得健康。至於這兩餐要吃多少，原則上是以不飽也不餓來做判斷。還有，根據這位王教授，要到第三個禮拜，減重的效果才會出現。所以，一定要有耐心。如果到了第四個禮拜還是沒有效果，那可能就要再少吃一點或多運動一點。

但不管如何，我個人認為間不間歇或禁不禁食，其實並不重要。真正重要的是少吃一點、多動一點，再加上持之以恆。

林教授的科學養生筆記

- 所謂的「間歇」，可能是一天數小時或一個禮拜數天，也可能是完全不吃或只是少吃，所以，它對身體的影響可能是有益，也可能是有害，目前醫學界並無定論
- 希望讀者對於任何極端或激進的減肥方法，都要心存疑問。最值得相信的就是簡單的數學公式，即攝入的卡洛里必須小於用掉的，而且使用溫和不激進的方法減肥

減鹽有益，無可爭議

#食品添加物、高血壓、鈉

2018 年 8 月，我的網站收到這封電郵，他說：林教授您好，非常感謝您協助我們查證傳言。我受過一些科學教育，看得懂英文，也有意願做查證。但說到查詢科學文獻和分析判斷的能力，和您是差得太遠。非不為也，是不能也。若不從文獻著手，真不知道哪裡有可靠的資訊作為查證基礎。因此您的努力，對大家很有幫助！在此想請問「多吃鹽會引起高血壓？高血壓研究權威推翻『鹽分＝不好』觀念」[1] 這則報導的可信度如何？

讀者提到的，是一篇 2018 年 8 月發表在「元氣網」的文章，內容節錄自一本叫做《吃對鹽飲食奇蹟》的書。這本書的作者是細川順讚，中文版在 2018 年 7 月出版。本書的文案是「減鹽才是現代的亂病之源！真正的好鹽，大量攝取也沒關係！日本養生專家的好鹽救命飲食」。所以，元氣網的文章說「推翻『鹽分＝不好』觀念」，而書本的廣告更進一步說「減鹽才是現代的亂病之源」。元氣網的文章裡共提出三個「證據」：

1. 據說在距今六十多年前的 1953 年，美國高血壓專科醫師梅內利博士曾經連續六個月餵食十隻實驗用的老鼠。

2. 美國的高血壓專科醫師達爾博士也在 1960 年發表一篇論文，內容是針對鹽的攝取量與高血壓之間的關係所進行的調查。

3. 研究高血壓的世界級權威青木久三博士（1933 年－ 1990 年）對這些學說提出不同見解。

請問，讀者有沒有注意到上面這三個「證據」裡的日期？1953、1960、1933 － 1990。這就是廣告裡說的「現代的」亂病之源？還有，資料顯示這位所謂的「高血壓的世界級權威青木久三博士」是生於 1933 年，死於 1990 年，享年五十七歲。那，為什麼他無法得享長壽，難道是因為愛吃鹹？不管如何，可以確定的是，他所做的研究絕對都是發生在 1990 之前。也就是說，這三個「證據」至少都是二十八年前，甚至於是六十五年前的事了，這在醫學領域裡應當可以被稱為「遠古時代」了吧。不管如何，我們現在來看看幾個真正的「現代的」證據。

減鹽有益的現代科學證據

2014 年〈飲食鹽分攝取與高血壓〉[2]，在這篇論文的摘要和結尾有兩段話，分別翻譯如下：「做為應付全球非傳染性疾病危機的首要行動之一，世界衛生組織（WHO）強烈建議減少膳食鹽攝入量，並敦促成員國採取行動，減少人口中的膳食鹽攝入量，以減少死於高血壓，心血管疾病和中風。」、「總之，適度減少飲食鹽攝入量通常是降低血壓的有效措施。從當前的每天攝入量九到十二克減少到建議水平的低於五到六克，會對心血管健康產生重大的有益影響，同時在全球範圍內節省大量醫療成本。」

2015 年〈世界減鹽倡議：全球目標步驟系統性評估〉[3]，這篇論文開頭有兩句話，翻譯如下：「心血管疾病是全球死亡的主要原因，每年造成一千七百萬人死亡，佔全球死亡人數的 30%。心血管疾病的主要危險因素是高血壓，而過量攝入鈉是一個重要原因。估計每天攝食超過二克的鈉會導致每年一百六十五萬心血管相關的死亡，相當於約每十例就有一例。」

2015 年〈高鈉會造成高血壓：臨床實驗和動物實驗的證據〉[4]，這篇論文摘要中有這兩句話：「人體試驗和人口研究顯示高血壓與平均膳食鈉之間存在很強的相關性，而且動物研究發現，高鈉飲食會劇烈地降低血管功能。儘管有一些逆向研究，但我們發現壓倒性的證據表明鈉攝入量的增加會導致高血壓。」

2016 年〈膳食中的鈉與心血管疾病風險：測量很重要〉[5]，這篇論文最主要的目的是探討為什麼會有研究認為降低鈉的攝取反而會增加心血管疾病。所以，它做了一系列的分析，而所得的結論是，這些逆向研究所採用的測量方法是有問題的，以至於會得到錯誤的結論。還有，在這篇論的結尾有這一句話：「**在美國，每年僅減少四百毫克的平均鈉攝入量，就可以避免多達兩萬八千人的死亡，並節省七十億美元的醫療保健費用。**」

2017 年〈了解全人類減鹽計畫背後的科學〉[6]論文的第一段是：「**世界各國政府和國際機構對全部證據的獨立系統評價，所得到的一致結論認為，減少鹽對全人類的健康有益。**然而，一些科學家繼續製作和引用與世界衛生組織減鹽指南相衝突的矛盾發現。雖然有衝突的研究在任何研究領域並不罕見，但就鹽的情況而言，這些研究引起了廣泛的媒體關注，誤導項目領導人、臨床醫生和一般公眾，並阻礙計劃的實施。儘管受到國際專家批評，認為其設計和方法有問題，而其結論無效，但此類妨礙進展的研究還是發生了。」

從以上這些論文就可看出，減少鹽攝取對健康有益，幾乎是無可爭議的。縱然有爭議，那也是因為研究方法的錯誤。但不幸的，少數人就是借助於這些錯誤的研究，來散播所謂的顛覆性言論，置大眾之健康於不顧。

林教授的科學養生筆記

- 心血管疾病是全球死亡的主要原因，每年造成一千七百萬人死亡，佔全球死亡人數的30%。心血管疾病的主要危險因素是高血壓，而過量攝入鈉是一個重要原因
- 世界衛生組織強烈建議減少膳食鹽攝入量，以減少死於高血壓、心血管疾病和中風的人數。從當前的每天攝入量九到十二克減少到建議水平的低於五到六克，會對心血管健康產生重大的有益影響，同時在全球範圍內節省大量醫療成本

酸鹼體質，全是騙局

#血液、蚊子、芋頭、腎臟

2018年11月初，一則新聞瘋傳，標題是「酸鹼體質騙局，pH Miracle作者遭罰一億美金」[1]，報導內容節錄如下：

本月初，加州聖地牙哥法庭判處《pH值的奇蹟》(pH Miracle)一書作者羅伯特·楊（Robert O. Young）必須繳納一點零五億美金的罰款給一名癌症病患，該病患指控羅伯特·楊自詡為醫生，建議她放棄化療和傳統治療，轉而去使用書中所謂的鹼性療法。

一年多前，他才因為無照行醫被判入獄。他寫過幾本書，包括最暢銷的《pH值的奇蹟》，講述了「酸鹼體質」的理論。這本書最早在2002年出版，並曾翻譯為多種語言。事實上，美國約翰霍普金斯大學就曾對「酸性體質是萬病之源？」的說法進行過闢謠，反駁了這個說法，亦指出醫院的正規治療才是真正有效的癌症療法。

正常體質恆為弱鹼，與你吃的食物無關

其實，我對這則新聞可以說毫不意外，因為早在2016年5月，我就發表了一篇文章「鹼回命」，駁斥標題為「活在鹼性，死於酸性」的網路流言。更早的十幾年前，同鄉之間流傳著使用檢驗體質酸鹼度的試劑，以及互相告知要吃什麼東西，才能使體質從酸變鹼。我當時也告訴他們，體質哪有什麼酸鹼之分，但我不知道有沒有人聽進去。

事實上，網路上有關酸鹼體質的謠言，多到會讓人發狂，但闢謠的文章也還算容易找。只不過，讓人不解的是，為什麼還總是有人相信體質有酸鹼之分。我把幾篇較好的闢謠文章網址，放在附錄[2]，有興趣的讀者可自行點擊閱讀。如沒時間，那看下面我節錄的這三段話，也就夠了：

「健康人正常血液的酸鹼值介於7.35到7.45之間，屬弱鹼性；血液pH值若低於7.35，即為「酸中毒」，代表身體調節功能出了問題，如腎臟疾病、慢性阻塞性肺病（COPD）等患者才會如此。反

之，如果血液的 pH 值高於 7.45，則是「鹼中毒」。酸鹼中毒多由疾病導致，並非因為體液過酸或過鹼導致疾病，不可能因為吃了一些酸性或是鹼性食物而使血液的酸鹼度改變。」

「之所以如此，是因我們奧妙的身體有很多可以平衡酸鹼功能的調節系統，當身體酸鹼平衡改變時，血液、腎臟及呼吸系統這三大緩衝器就會出來進行調整，讓身體處於酸鹼平衡的狀態。」

「這三大緩衝器，可以把血液的 pH 值控制在 7.35 到 7.45 之間。所以，即使我們吃進酸性強的食物，也不會把血液變成酸性。也就是說，如果你的腎臟及肺臟功能正常，食物是酸性還是鹼性都不會影響到身體的酸鹼度。」

蚊子專咬「酸性體質」的真相

2017 年 4 月，好友問我：這次回台被蚊子叮得受不了，又被勸告蚊子專咬酸性體質的人，實在快瘋掉了。能不能請你在網站澄清一下這個蚊子叮人跟體質的酸鹼度實在是沒有關係。謝謝囉！

這位好友是台大校友，又是加州大學農學博士，學問和知識當然不在話下。但是，儘管高竿如斯，卻還是逃不過被「酸性體質」逼得快瘋掉了。沒錯，我曾說過：事實上，網路上有關酸鹼體質的謠言，多到會讓人發狂。只不過很可惜，看過我這篇文章的讀者還不夠多。

再次強調，正統醫學裡沒有什麼酸性體質和鹼性體質之分，也沒有什麼酸性食物或鹼性食物。只要你的腎臟及肺臟功能正常，血液的酸鹼度就會永遠維持在 7.35 到 7.45 之間（不管你做了任何事情或吃任何食物）。例如網路謠傳「常吃芋頭不得癌？芋頭是鹼性食品，讓癌細胞根本沒有生存的環境」這個謠言，我已經寫過文章澄清。所謂的酸性體質、鹼性體質、酸性食物、鹼性食物，完全是不肖分子為了騙錢（賣書或營養品等等）而編織出來的偽科學。

至於蚊子是否會專咬某些人，答案是「蚊子叮人的確是有選擇性」。有非常多的網站，包括知名的醫療資訊網站 WebMD 這麼說[3]：一個人是否容易被叮，85% 是決定於遺傳。但是，我找不到任何可以支持此一說法的研究報告。不管如何，可以確定的是，蚊子叮人的選擇是靠嗅覺和視覺。嗅覺方面，蚊子是可以嗅出人的體味及呼吸（主要是二氧化碳）。而人的體味，主要是由基因（譬如 HLA 基因）決定，但也跟代謝率、運動、流汗、飲食和皮膚細菌的種類等等有關。

代謝率高的人（譬如孕婦）較容易被叮，喝啤酒的人也較容易被叮。蚊子也喜歡汗水（含有乳酸、尿酸和氨）的味道。血型似乎也跟體味有關，有一篇 2004 年發表的研究論文[4]說，蚊子最喜歡降落在 O 血型的人身上，而 B 型、AB 型、A 型，則按順序排列。至於視覺，蚊子喜歡穿黑色，深藍色或紅色衣服的人。

以上所講的都是目前科學研究所得到的資料。但是，在網路上可以看到很多人會以個人的經驗而持不同的看法。例如血型，很多人就說：「我是 A 型啊，為什麼老是被叮？」所以，就做個參考吧。至少可以確定，蚊子專叮酸性體質的說法，是毫無科學根據的。

林教授的科學養生筆記

· 酸性體質、鹼性體質、酸性食物、鹼性食物，完全是不肖分子為了騙錢（賣書或營養品等等）而編織出來的偽科學

· 蚊子叮人的選擇是靠嗅覺和視覺。嗅覺方面，蚊子是可以嗅出人的體味及呼吸（主要是二氧化碳）。而人的體味，主要是由基因（譬如 HLA 基因）決定，但也跟代謝率、運動、流汗、飲食和皮膚細菌的種類等等有關。

附錄：資料來源

（掃描二維碼即可檢視全書附錄網址及原文）

Part1
好食材、壞食材

椰子油，從來就沒健康過

1 美國阿茲海默協會網站：http://blog.alz.org/can-coconut-oil-treat-alzheimers/
英國阿茲海默協會網站：
https://www.alzheimers.org.uk/info/20074/alternative_therapies/119/coconut_oil
加拿大阿茲海默協會網站：http://www.alzheimer.ca/en/About-dementia/Alzheimer-s-disease/Risk-factors/Coconut-oil

2 2017 年 6 月 16 號 BBC 新聞「椰子油跟牛脂肪和奶油一樣不健康」Coconut oil “as unhealthy as beef fat and butter”，https://www.bbc.com/news/health-40300145

3 2017 年 6 月 16 號《美國今日》「椰子油不健康。它從來就沒健康過」Coconut oil isn't healthy. It's never been healthy，https://www.usatoday.com/story/news/nation-now/2017/06/16/coconut-oil-isnt-healthy-its-never-been-healthy/402719001/

4 《循環》期刊〈膳食脂肪和心血管疾病：美國心臟協會會長的建言〉Dietary Fats and Cardiovascular Disease: A Presidential Advisory From the American Heart Association，https://www.ahajournals.org/doi/10.1161/CIR.0000000000000510

5 2018 年 8 月 22 號《聯合新聞網》「哈佛教授稱椰子油是十足毒藥」https://udn.com/news/story/6812/3324712

6 迦納大學 2016 年綜述論文〈椰子油和棕櫚油的營養角色〉Coconut oil and palm oil's role in nutrition, health and national development: A review，https://www.ncbi.nlm.nih.gov/pubmed/?term=Coconut+oil+and+palm+oil%E2%80%99s+role+in+nutrition%2C+health+and+national+development

7 2018 年 3 月劍橋大學臨床研究報告〈有關椰子油、橄欖油或奶油對於健康男女血脂和其他心血管疾病風險因素的隨機測試〉Randomised trial of coconut oil, olive oil or butter on blood lipids and other cardiovascular risk factors in healthy men and women，https://www.ncbi.nlm.nih.gov/pubmed/29511019

茶的謠言，一次說清

1 2014 年〈茶與健康：關於現狀的報告〉，Tea and health–a review of the current state of knowledge，https://www.ncbi.nlm.nih.gov/pubmed/?term=TEA+AND+HEALTH+%E2%80%93+A+REVIEW+OF+THE+CURRENT+STATE+OF+KNOWLEDGE
2 2017 年 5 月 11 號華視新聞網「每天須喝水兩千毫升，咖啡和茶不算」http://news.cts.com.tw/cts/life/201705/201705111866717.html#.W5XP4JMzYdW
3 美國梅友診所資料，https://www.mayoclinic.org/healthy-lifestyle/nutrition-and-healthy-eating/in-depth/water/art-20044256?p=1
4 醫療資訊網站 WebMD 資料，https://www.webmd.com/parenting/features/healthy-beverages#1
5 美國國家科學、工程和醫學研究所資料，https://www.webmd.com/parenting/features/healthy-beverages#1
6 1981 年〈消費茶葉：便秘的原因〉Tea consumption: a cause of constipation. https://www.ncbi.nlm.nih.gov/pubmed/6784872
7 2012 年〈茶和咖啡的攝取對於沙國青少年維他命 D 和鈣質吸收的關聯〉Tea and coffee consumption in relation to vitamin D and calcium levels in Saudi adolescents. https://www.ncbi.nlm.nih.gov/pubmed/22905922
8 2013 年〈骨質疏鬆的老鼠模型研究：紅茶可能幫助停經後的鈣質補充，從而防止骨質流失〉Black tea may be a prospective adjunct for calcium supplementation to prevent early menopausal bone loss in a rat model of osteoporosis. https://www.ncbi.nlm.nih.gov/pubmed/23984184
9 1990 年〈綠茶對於缺鐵性貧血老年病患鐵質吸收的影響〉Effect of green tea on iron absorption in elderly patients with iron deficiency anemia，https://www.ncbi.nlm.nih.gov/pubmed/2263011
10 2007 年〈飲用紅茶、綠茶及花草茶與法國成人的鐵質狀態〉Consumption of black, green and herbal tea and iron status in French adults，https://www.ncbi.nlm.nih.gov/pubmed/17299492
11 2009 年論文〈綠茶不會抑制鐵的吸收〉Green tea does not inhibit iron absorption，https://www.ncbi.nlm.nih.gov/pubmed/18160146
12 2008 年論文〈茶葉與茶湯成分的效用〉Element composition of tea leaves and tea infusions and its impact onhealth. https://www.ncbi.nlm.nih.gov/pubmed/18309449
13 2016 年論文〈市售茶自然生成的氟化物分析與每日茶攝取量預測〉Analysis of Naturally Occurring Fluoride in Commercial Teas and Estimation of Its Daily Intake through Tea Consumption. https://www.ncbi.nlm.nih.gov/pubmed/26647101
14 2012 年論文〈估計馬圖拉市售各類茶葉的茶湯氟濃度〉Estimation of fluoride concentration in tea infusions, prepared from different forms of tea, commercially available in Mathura city. https://www.ncbi.nlm.nih.gov/pubmed/24478970
15 台灣農委會「茶葉改良場」茶葉食安問答集，https://www.tres.gov.tw/htmlarea_file/web_

articles/teais/1793/1040716-2.pdf

16 財權法人全國認證基金會網站，http://www.taftw.org.tw

17 臺北市政府衛生局 2018 年 5 月茶葉及花草茶抽驗結果，http://health.gov.taipei/Default.aspx?tabid=36&mid=442&itemid=42440

18 香港政府的「食物安全中心」說明，https://www.cfs.gov.hk/english/whatsnew/whatsnew_fst/whatsnew_fst_Excessive_Pesticide_Residues_in_Tea_Products_in_Taiwan.html

19 2017 年 2 月 27 號《光明網》報導「陳宗懋院士談茶葉農殘」，http://tech.gmw.cn/2017-02/27/content_23831947.htm

20 2017 年 8 月 18 日《鏡週刊》「茶葉有農藥殘留怎麼辦？專家教解毒法」https://www.mirrormedia.mg/story/20170818bus010/

雞蛋，有好有壞

1 科羅拉多大學教授羅伯．艾可（Robert Eckel）「蛋和之外：膳食膽固醇不再重要了嗎？」Eggs and beyond: is dietary cholesterol no longer important? https://academic.oup.com/ajcn/article/102/2/235/4614547

2 南澳州大學教授彼得．克利夫頓（Peter Clifton）「膳食膽固醇是否會影響二型糖尿病患者的心血管疾病風險？」Does dietary cholesterol influence cardiovascular disease risk in people with type 2 diabetes? https://academic.oup.com/ajcn/article/101/4/691/4564564）

3 芝加哥拉什大學教授金．威廉斯（Kim Williams）「2015 飲食指南諮詢委員會關於膳食膽固醇的報告」The 2015 Dietary Guidelines Advisory Committee Report Concerning Dietary Cholesterol，https://www.ajconline.org/article/S0002-9149(15)01782-8/abstract

4 2017 年 4 月 25 號 CBS News 報導「肉和蛋中的營養物質可能在血栓、心臟病發作風險中起作用」https://www.cbsnews.com/news/nutrient-choline-eggs-meat-linked-to-blood-clotting-heart-disease/

5 2017 年 4 月《循環》論文〈由腸道微生物從膳食膽鹼產生的三甲胺 N- 氧化物會促進血栓形成〉Gut Microbe-Generated Trimethylamine N-Oxide From Dietary Choline Is Prothrombotic in Subjects，http://circ.ahajournals.org/content/135/17/1671

牛奶致病的真相

1 「牛奶過敏原食物表」參考網站，http://www.webmd.com/allergies/guide/milk-allergy，https://www.foodallergy.org/allergens/milk-allergy

2 華特．威力關於牛奶的論文，Milk consumption during teenage years and risk of hip fractures

in older adults，https://www.ncbi.nlm.nih.gov/pubmed/24247817；Milk intake and risk of hip fracture in men and women: a meta-analysis of prospective cohort studies，https://www.ncbi.nlm.nih.gov/pubmed/20949604
3 馬克・海曼「牛奶對你的健康有危害」Milk Is Dangerous for Your Health，https://drhyman.com/blog/2013/10/28/milk-dangerous-health/
4 馬克・海曼「奶製品：六個你需要全力避開的理由」Dairy: 6 Reasons You Should Avoid It at all Costs，https://drhyman.com/blog/2010/06/24/dairy-6-reasons-you-should-avoid-it-at-all-costs-2/
5 責任醫療醫師委員會（PCRM）關於牛奶的文章，https://www.pcrm.org/search?keys=milk
6 「頂級科學期刊斥責哈佛首席營養學家」Top Science Journal Rebukes Harvard's Top Nutritionist，https://www.forbes.com/sites/trevorbutterworth/2013/05/27/top-science-journal-rebukes-harvards-top-nutritionist/#76c86489173b

還味精一個清白

1 FDA 的味精問答集，Questions and Answers on Monosodium glutamate (MSG) https://www.fda.gov/Food/IngredientsPackagingLabeling/FoodAdditivesIngredients/ucm328728.htm
2 〈味精對於頭痛和顱周肌肉敏感的全面影響〉，Effect of systemic monosodium glutamate (MSG) on headache and pericranial muscle sensitivity. https://www.ncbi.nlm.nih.gov/pubmed/?term=Effect+of+systemic+monosodium+glutamate+%28MSG%29+on+headache+and+pericranial+muscle+sensitivity
3 〈肥胖的婦女對於味精敏感度較低，而且跟正常體重的婦女相比，顯著地喜好湯裡有較高濃度的味精〉，Obese women have lower monosodium glutamate taste sensitivity and prefer higher concentrations than do normal-weight women.，https://www.ncbi.nlm.nih.gov/pubmed/20075854
4 2009 年 9 月〈味精的膳食補充可否改善老年飲食健康？〉Can dietary supplementation of monosodium glutamate improve the health of the elderly?，https://www.ncbi.nlm.nih.gov/pubmed/19571225
5 2016 年 1 月 8 號「為何味精的名聲不好？錯誤的科學與排外主義」How MSG Got A Bad Rap: Flawed Science And Xenophobia，https://fivethirtyeight.com/features/how-msg-got-a-bad-rap-flawed-science-and-xenophobia/

代糖對健康有害無益

1 2017 年 4 月 3 日內分泌協會論文〈低卡糖精提升人類脂肪累積〉（Low-calorie sweeteners promote fat accumulation in human fat）https://www.endocrine.org/news-room/current-

press-releases/low-calorie-sweeteners-promote-fat-accumulation-in-human-fat

2 2017 年〈糖和人工增甜飲料和肥胖關聯：系統性研究與後設分析〉（Sugar and artificially sweetened beverages linked to obesity: a systematic review and meta-analysis）https://www.ncbi.nlm.nih.gov/pubmed/28402535

3 〈食用人工和糖甜味劑飲料與二型糖尿病之關係〉Consumption of artificially and sugar-sweetened beverages and incident type 2 diabetes in the Etude Epidemiologique aupres des femmes de la Mutuelle Generale de l'Education Nationale-European Prospective Investigation into Cancer and Nutrition cohort.）https://www.ncbi.nlm.nih.gov/pubmed/23364017

4 2017 年 2 月，Chronic Consumption of Artificial Sweetener in Packets or Tablets and Type 2 Diabetes Risk: Evidence from the E3N-European Prospective Investigation into Cancer and Nutrition Study. https://www.ncbi.nlm.nih.gov/pubmed/28214853

紅肉白肉說分明

1 2018 年 2 月《元氣網》「原來魚類也有紅肉白肉的分別！與牠們的生存環境有關」，https://health.udn.com/health/story/6037/2971093

2 莫尼卡・賴納格，2013 年 1 月〈顏色混淆：識別紅肉和白肉〉（Color Confusion: Identifying Red Meat and White Meat），https://foodandnutrition.org/january-february-2013/color-confusion-identifying-red-meat-white-meat/

常見的有機迷思

1 美國農業部 2016 年 3 月發表的法規，有關「允許使用在有機農作生產的合成物」https://www.ecfr.gov/cgi-bin/text-idx?c=ecfr&SID=06b088e611c5f18a4d02ca9945a1c3dd&rgn=div8&view=text&node=7:3.1.1.9.32.7.354.2&idno=7

2 美國的加州農藥管理局 2013 年的調查報告：83% 在加州農夫市集販售的產品被驗出有殺蟲劑，http://naturallysavvy.com/eat/investigation-finds-pesticides-on-83-percent-of-california-farmers-market-produce

3 現代農場網站「剷除農夫市集欺詐」，https://modernfarmer.com/2014/10/curious-case-farmers-market-fraud/

4 2015 年 5 月，舊金山五號電視台「謹防農夫市集的欺騙―他們賣的不是他們種的」https://sanfrancisco.cbslocal.com/2015/05/16/beware-of-produce-cheats-at-farmers-markets-they-dont-grow-what-they-sell/

5 2015 年 6 月，豐收羊角「Whole Foods 超市面對聯邦貿易委員會不當標籤的調查」https://www.cornucopia.org/2015/06/whole-foods-faces-ftc-mislabeling-investigation/

6　2015 年 7 月，亞特蘭大二號電視台〈您的「有機」食品未必真的是有機」https://www.wsbtv.com/news/local/2-investigates-your-organic-food-may-not-really-be_nmx2h/33400858

蔬果農藥清洗方法

1　2003 年〈只用清水洗水果或加上 Fit 洗滌劑來減少農藥殘留〉（Reduction of Pesticide Residues of Fruit Using Water Only or Plus Fit™ Fruit and Vegetable Wash）https://link.springer.com/article/10.1007%2Fs00128-002-0179-2

2　2007 年〈家用品對於洗去高麗菜農藥殘留的效果〉（Effects of home preparation on pesticide residues in cabbage）https://www.sciencedirect.com/science/article/pii/S0956713506002696

3　2017 年〈市售和自製清潔劑對於去除蘋果裡外農藥殘留的效果〉（Effectiveness of Commercial and Homemade Washing Agents in Removing Pesticide Residues on and in Apples）https://www.ncbi.nlm.nih.gov/pubmed/29067814

4　康涅狄格州農業實驗站〈從農產品去除微量農藥殘餘〉（Removal of Trace Pesticide Residues from Produce）https://www.ct.gov/caes/cwp/view.asp?a=2815&q=376676

5　國立農藥資訊中心〈如何清洗蔬果中的農藥〉（How can I wash pesticides from fruit and veggies?）http://npic.orst.edu/capro/fruitwash.html

6　FDA〈清洗蔬菜水果的 7 個招術〉（7 Tips for Cleaning Fruits, Vegetables）https://www.fda.gov/ForConsumers/ConsumerUpdates/ucm256215.htm

7　科羅拉州州立大學〈清洗新鮮農產品指南〉（Guide to Washing Fresh Produce）https://extension.colostate.edu/docs/pubs/foodnut/09380.pdf

冷凍蔬果的營養評估

1　元氣網文章「新鮮農產品真的新鮮嗎？其實冷凍蔬菜可能更營養」https://health.udn.com/health/story/6037/2850130

2　阿代爾．卡德教授 1999 年文章〈水果熟成、腐爛與品質的關係〉（FRUIT MATURITY, RIPENING, AND QUALITY RELATIONSHIPS），https://www.actahort.org/books/485/485_27.htm

3　2014 年〈各種罐裝、冷凍和新鮮蔬果的營養和價格比較〉Nutrition and Cost Comparisons of Select Canned, Frozen, and Fresh Fruits and Vegetables，journals.sagepub.com/doi/abs/10.1177/1559827614522942

2007 年〈罐裝、冷凍和新鮮蔬果的營養比較。第一部分：維他命 C、B 和酚化合物〉Nutritional comparison of fresh, frozen and canned fruits and vegetables. Part 1. Vitamins C

and Band phenolic compounds，http://ucce.ucdavis.edu/files/datastore/234-779.pdf
2002 年〈新鮮、冷凍、瓶裝和罐裝蔬菜的抗氧化劑活性和組成〉The antioxidant activity and composition of fresh, frozen, jarred and canned vegetables，www.sciencedirect.com/science/article/pii/S1466856402000486

基改食品的安全性

1 世界衛生組織關於基因改造食品的說明，http://www.who.int/foodsafety/areas_work/food-technology/faq-genetically-modified-food/en/
2 「基因改造食品是否較不營養？」Are GMO Foods Less Nutritious?，https://www.bestfoodfacts.org/gmo-nutrition/
3 「反基改教父馬克・利那斯（Mark Lynas）說網路酸民改變了他的想法」https://www.cantechletter.com/2015/06/anti-gmo-founding-father-mark-lynas-says-internet-trolls-changed-his-mind/
4 馬克・利那斯 2013 年 1 月的牛津農業會議演講影片，https://www.youtube.com/watch?v=vf86QYf4Suo
5 「我為何轉為支持基改食物」How I Got Converted to G.M.O. Food，https://www.nytimes.com/2015/04/25/opinion/sunday/how-i-got-converted-to-gmo-food.html
6 2015 年 7 月 17 號 The Splendid Table 報導「馬克・利那斯曾經破壞基改作物試驗，現在他支持基改食物，他解釋為什麼」Mark Lynas once vandalized GMO crop trials. Now he's pro-GMO food. He explains why，https://www.splendidtable.org/story/mark-lynas-once-vandalized-gmo-crop-trials-now-hes-pro-gmo-food-he-explains-why
7 2012 年 12 月哈芬登郵報（The Huffpost）「前七大基改作物排名」Top 7 Genetically Modified Crops，https://www.huffingtonpost.com/margie-kelly/genetically-modified-food_b_2039455.html
8 〈渾沌文茜世界〉全文連結，https://professorlin.com/2017/08/01/%E6%B8%BE%E6%B2%8C%E6%96%87%E8%8C%9C%E4%B8%96%E7%95%8C/
9 美國農業部的文件連結，https://www.aphis.usda.gov/stakeholders/downloads/2015/coexistence/Ruth-MacDonald.pdf

瘦肉精爭議，是政治問題

1 「小英政府該如何面對瘦肉精美豬？——專訪蘇偉碩醫師（上）」https://enews.url.com.tw/cultivator/83761
2 「認識瘦肉精」賴秀穗，台灣大學獸醫專業學院名譽教授 www.fda.gov.tw/TC/siteListContent.

aspx?sid=2715&id=5696&chk=25f93e4e-4936-455e-aa2f-a5bf71bf9388）
3 《蘋果日報》2011 年 1 月 19 號，賴秀穗「不要把瘦肉精政治化」，https://tw.appledaily.com/forum/daily/20110119/33123509/

紅鳳菜有毒傳言

1 中國的科學院植物研究所 2017 年 1 月 21 日研究調查報告，https://onlinelibrary.wiley.com/doi/abs/10.1002/cbdv.201600221
2 2015 年長庚大學紅鳳菜報告 https://www.sciencedirect.com/science/article/pii/S1021949815000186
3 台灣癌症基金會「紅鳳菜」文章 https://www.canceraway.org.tw/page.asp?IDno=1420
4 香港的食物安全中心 2017 年 1 月，風險評估研究第 56 號報告書〈食物中的吡咯里西啶類生物鹼〉https://www.cfs.gov.hk/tc_chi/programme/programme_rafs/files/PA_Executive_Summary_c.pdf

鋁製餐具和含鉛酒杯的安全性

1 美國衛生部 2008 年〈鋁的毒性研究〉(Toxicological Profile of Aluminum) https://www.atsdr.cdc.gov/toxprofiles/tp22.pdf
2 2014 年論文〈鋁和其對阿滋海默的潛在影響〉Aluminum and its potential contribution to Alzheimer's disease (AD)，https://www.ncbi.nlm.nih.gov/pubmed/24782759
3 2014 年論文〈鋁的假説已經死亡？〉Is the Aluminum Hypothesis dead? https://www.ncbi.nlm.nih.gov/pubmed/24806729
4 阿茲海默症協會：「鋁罐飲料或鋁鍋烹煮會引發阿茲海默症」是迷思，https://www.alz.org/alzheimers-dementia/what-is-alzheimers/myths
5 1972 年〈由於雞尾酒杯引起的一家人鉛中毒〉Lead poisoning in a family due to cocktail glasses，https://www.ncbi.nlm.nih.gov/pubmed/4622146
6 1976 年〈雞尾酒杯引起的鉛中毒：對兩位患者所做的觀察〉Lead poisoning from cocktail glasses. Observations on two patients，https://www.ncbi.nlm.nih.gov/pubmed/1036519
7 1977 年〈雞尾酒杯引起的鉛中毒〉Lead poisoning from cocktail glasses，https://www.ncbi.nlm.nih.gov/pubmed/576919
8 1991 年〈來自含鉛水晶的鉛接觸〉Lead exposure from lead crystal，https://www.ncbi.nlm.nih.gov/pubmed/1670790
9 1996 年〈來自含鉛水晶酒杯的鉛游離〉Lead migration from lead crystal wine glasses，https://www.ncbi.nlm.nih.gov/pubmed/8885316

Part2
補充劑的駭人真相

維他命補充劑的真相（上）

1 美國毒物中心（AMERICAN ASSOCIATION OF POISON CONTROL CENTERS，AAPCC）年度報告，https://aapcc.org/annual-reports/

2 〈維他命的毒性〉Vitamin Toxicity，http://medical-dictionary.thefreedictionary.com/Vitamin+Toxicity

3 2012年〈抗氧化劑補充劑用於健康民眾和有病民眾死亡之預防〉（Antioxidant supplements for prevention of mortality in healthy participants and patients with various diseases.）https://www.ncbi.nlm.nih.gov/pubmed/22419320

4 2011年4月13號，《天下雜誌》444期「你真的需要吃維他命嗎？」https://www.cw.com.tw/article/article.action?id=5000458

5 2016年2月15，董氏基金會「維他命補過頭，恐增罹癌風險」https://nutri.jtf.org.tw/index.php?idd=10&aid=2&bid=33&cid=2981

6 2018年6月研究論文〈維他命和礦物質補充劑用於心血管疾病之預防和治療〉Supplemental Vitamins and Minerals for CVD Prevention and Treatment，http://www.onlinejacc.org/content/71/22/2570

7 2014年2月，台灣「環境資訊中心」「食管局沒定義，美食品狂打天然」https://e-info.org.tw/node/97255

8 維他命 B_{12} 的種類，請參考 https://www.b12-vitamin.com/types/

9 哈佛醫學院〈維他命的最佳來源？你的盤子，不是你的藥櫃〉Best source of vitamins? Your plate, not your medicine cabinet，https://www.health.harvard.edu/staying-healthy/best-source-of-vitamins-your-plate-not-your-medicine-cabinet

10 歷年來發現維他命補充劑會提高死亡率的五篇論文：

2000年：Multivitamin use and mortality in a large prospective study，www.ncbi.nlm.nih.gov/pubmed/10909952

2005年：Meta-analysis: high-dosage vitamin E supplementation may increase all-cause mortality，www.ncbi.nlm.nih.gov/pubmed/15537682

2007年：Mortality in randomized trials of antioxidant supplements for primary and secondary prevention: systematic review and meta-analysis，www.ncbi.nlm.nih.gov/pubmed/17327526

2011 年：Dietary supplements and mortality rate in older women: the Iowa Women's Health Study，www.ncbi.nlm.nih.gov/pubmed/21987192
2014 年：Antioxidant supplements and mortality，www.ncbi.nlm.nih.gov/pubmed/24241129

維他命補充劑的真相（下）

1 2018 年 2 月，美國醫學會期刊（JAMA）〈維他命和礦物質補充劑：醫生需要知道的事〉（Vitamin and Mineral Supplements：What Clinicians Need to Know）https://jamanetwork.com/journals/jama/article-abstract/2672264?utm_source=silverchair&utm_campaign=jama_network&utm_content=weekly_highlights&cmp=1&utm_medium=email

維他命 D，爭議最大的「維他命」

1 2010 年 JAMA 報告指出，高劑量的維他命 D 會增加骨折的風險。https://jamanetwork.com/journals/jama/fullarticle/185854
2 兩篇指出維他命 D 不會減少骨折風險的報告
2007 年 12 月：https://www.ncbi.nlm.nih.gov/pubmed/17998225
2010 年 7 月：https://www.ncbi.nlm.nih.gov/pubmed/20200964
3 https://www.ncbi.nlm.nih.gov/pmc/articles/PMC1994178/
4 1989 年 5 月報告〈陽光會用光分解來控制皮膚裡維他命 D_3 的產生，過多的維他命 D 會被陽光分解〉Sunlight regulates the cutaneous production of vitamin D_3 by causing its photodegradation. https://www.ncbi.nlm.nih.gov/pubmed/?term=Webb+AR%2C+DeCosta+BR%2C+Holick+MF
5 1993 年論文〈維他命 D 受體在一種自然缺維他命 D 的地下哺乳類，裸鼴鼠：生化定性〉Vitamin D receptors in a naturally vitamin D-deficient subterranean mammal, the naked mole rat (Heterocephalus glaber): biochemical characterization. https://www.ncbi.nlm.nih.gov/pubmed/8224760
6 1995 年論文〈裸鼴鼠維他命 D_3 中毒導致過度鈣化及牙齒鈣沉澱及不正常皮膚鈣化〉Vitamin D_3 intoxication in naked mole-rats (Heterocephalus glaber) leads to hypercalcaemia and increased calcium deposition in teeth with evidence of abnormal skin calcification. https://www.ncbi.nlm.nih.gov/pubmed/7657155

酵素謊言何其多

1 2017 年 8 月 17 號《自由時報》「鳳梨酵素可抗發炎，食藥署：吃鳳梨效果有限」http://news.

ltn.com.tw/news/life/breakingnews/2165974

2 保羅・摩根（Paul Moughan），2014 年論文〈成年人的健康腸子是否可以吸收完整的胜肽〉Are intact peptides absorbed from the healthy gut in the adult human? https://www.ncbi.nlm.nih.gov/pubmed/25623084

3 波・阿圖桑（Per Artursson）2016 年論文〈胜肽的口腔吸收和通過人類腸道的奈米分子：人體組織的機會、限制和研究〉(Oral absorption of peptides and nanoparticles across the human intestine: Opportunities, limitations and studies in human tissues)，https://www.sciencedirect.com/science/article/pii/S0169409X16302277

正確認識抗氧化劑與自由基

1 2007 年〈抗氧化劑補充劑對預防初級與次級死亡風險的隨機實驗：系統性報告與後設分析〉Mortality in randomized trials of antioxidant supplements for primary and secondary prevention: systematic review and meta-analysis. https://www.ncbi.nlm.nih.gov/pubmed/17327526

2 2012 年〈抗氧化劑補充劑用於健康民眾和有病民眾死亡之預防〉Antioxidant supplements for prevention of mortality in healthy participants and patients with various diseases. https://www.ncbi.nlm.nih.gov/pubmed/22419320

3 2013 年 2 月《科學美國人》〈自由基老化理論是否已死〉Is the Free-Radical Theory of Aging Dead? https://www.scientificamerican.com/article/is-free-radical-theory-of-aging-dead/

益生菌的吹捧與現實

1 2017 年的益生菌論文，Effects of Probiotics, Prebiotics, and Synbiotics on Human Health，https://www.mdpi.com/2072-6643/9/9/1021/htm

2 2001〈益生菌對異位性皮膚炎之初級預防：隨機安慰劑測試〉Probiotics in primary prevention of atopic disease: a randomised placebo-controlled trial. https://www.ncbi.nlm.nih.gov/pubmed/11297958

3 2007 年〈生命最初 7 年內的益生菌：隨機安慰劑對照試驗中濕疹的累積風險降低〉Probiotics during the first 7 years of life: A cumulative risk reduction of eczema in a randomized, placebo-controlled trial。https://www.jacionline.org/article/S0091-6749(06)03800-0/fulltext

4 兩篇最新的益生菌綜述論文

2018 年〈益生菌：預防過敏的角色，是迷思或真相〉Probiotics: Myths or facts about their role in allergy prevention. http://www.advances.umed.wroc.pl/pdf/2018/27/1/119.pdf

2017 年〈益生菌預防哮喘與過敏〉Probiotics in Asthma and Allergy Prevention https://www.ncbi.nlm.nih.gov/pubmed/28824889

5 NHK 醫療新知紀錄片「人體」的第四集，影片連結：https://www.bilibili.com/video/av21259190
6 2017 年 12 月〈人類微生物群系：機會還是炒作？〉（The human microbiome: opportunity or hype?）The human microbiome: opportunity or hype?，https://www.nature.com/articles/nrd.2017.154
7 2018 年 9 月 6 號，《細胞》期刊〈個人化腸道粘膜定植對經驗益生菌的抗性與獨特的宿主和微生物群特徵相關聯〉Personalized Gut Mucosal Colonization Resistance to Empiric Probiotics Is Associated with Unique Host and Microbiome Features，https://www.cell.com/cell/fulltext/S0092-8674(18)31102-4
8 2018 年 9 月 6 號，《細胞》期刊〈使用抗生素後腸粘膜微生物重建受到益生菌破壞但受到自體糞便微生物移植改善〉Post-Antibiotic Gut Mucosal Microbiome Reconstitution Is Impaired by Probiotics and Improved by Autologous FMT，https://www.cell.com/cell/fulltext/S0092-8674(18)31108-5

戳破胜肽的神話

1 《蘋果仁》2017 年 5 月 11 號「你不懂的內容農場」https://applealmond.com/posts/5115
《蘋果仁》2017 年 10 月 23 號「為什麼 Google 允許壹讀與每日頭條霸佔搜尋結果？」https://applealmond.com/posts/15406
2 FDA「它真的是 FDA 批准的？」Is It Really ‘FDA Approved?’ https://www.fda.gov/ForConsumers/ConsumerUpdates/ucm047470.htm
3 康扁丸事件的來龍去脈，可以參考我的網站文章。https://professorlin.com/2017/11/24/%E6%89%81%E5%BA%B7%E4%B8%B8%EF%BC%8C%E6%B2%BB%E7%99%82%E5%91%BC%E5%90%B8%E7%97%85%EF%BC%9F/

魚油補充劑的最新研究

1 2018 年 5 月 8 號 JAMA〈魚油補充劑的棺材再添一根釘〉（Another Nail in the Coffin for Fish Oil Supplements）https://jamanetwork.com/journals/jama/article-abstract/2679051?utm_source=silverchair&utm_medium=email&utm_campaign=article_alert-jama&utm_content=etoc&utm_term=050818
2 2018 年 3 月的《JAMA 心臟學》（JAMA Cardiology）〈Omega-3 脂肪酸補充劑與心血管疾病風險的關聯：涵蓋 77917 人的十項試驗的薈萃分析〉Associations of Omega-3 Fatty Acid Supplement Use With Cardiovascular Disease Risks: Meta-analysis of 10 Trials Involving 77917 Individuals，https://www.ncbi.nlm.nih.gov/pubmed/29387889

3 2012年論文〈Omega-3脂肪酸補充與主要心血管疾病事件風險之間的關聯〉Association Between Omega-3 Fatty Acid Supplementation and Risk of Major Cardiovascular Disease Events，https://jamanetwork.com/journals/jama/article-abstract/1357266?utm_campaign=articlePDF%26utm_medium%3darticlePDFlink%26utm_source%3darticlePDF%26utm_content%3djama.2018.2498&redirect=true

4 2012年論文〈Omega-3脂肪酸補充劑（二十碳五烯酸和二十二碳六烯酸）在心血管疾病二級預防中的功效：隨機、雙盲、安慰劑對照試驗的薈萃分析〉Efficacy of Omega-3 Fatty Acid Supplements (Eicosapentaenoic Acid and Docosahexaenoic Acid) in the Secondary Prevention of Cardiovascular Disease：A Meta-analysis of Randomized, Double-blind, Placebo-Controlled Trials，https://jamanetwork.com/journals/jamainternalmedicine/fullarticle/1151420/?utm_campaign=articlePDF%26utm_medium%3DarticlePDFlink%26utm_source%3DarticlePDF%26utm_content%3Djama.2018.2498

5 2016年〈Omega-3脂肪酸和心血管疾病：更新的系統性評價〉Omega-3 Fatty Acids and Cardiovascular Disease: An Updated Systematic Review，https://effectivehealthcare.ahrq.gov/topics/fatty-acids-cardiovascular-disease/research/

6 美國FDA海鮮類含汞量的表格，https://www.fda.gov/Food/FoodborneIllnessContaminants/Metals/ucm115644.htm

7 〈常見海鮮的Omega-3含量〉Omega-3 Content of Frequently Consumed Seafood Products），https://www.seafoodhealthfacts.org/seafood-nutrition/healthcare-professionals/omega-3-content-frequently-consumed-seafood-products

膠原蛋白之迷思（上）

1 元氣網「木耳沒有膠原蛋白，別再傻傻分不清」https://health.udn.com/health/story/6037/3063218

2 〈來自植物的膠原蛋白替代品〉Collagen alternatives from plants，http://www.fai185.com/uploads/page/Plant%20Collagen.pdf

3 〈在植物裡製造的人類膠原蛋白〉Human collagen produced in plants，https://www.ncbi.nlm.nih.gov/pmc/articles/PMC4008466/pdf/bbug-5-49.pdf

4 2018年3月7日蘋果日報「去年食品廣告違規王4 ni，南極冰洋磷蝦油」遭罰71次」https://tw.news.appledaily.com/life/realtime/20180307/1309836/

5 WebMD表示二型膠原蛋白的療效是未被證實的。https://www.webmd.com/vitamins/ai/ingredientmono-714/collagen-type-ii

膠原蛋白之迷思（下）

1 2017 年 6 月 14 日《新聞週刊》（Newsweek）「中醫正使用驢皮加強性慾——以及非洲動物面臨危險」CHINESE MEDICINE IS USING DONKEY SKINS TO BOOST LIBIDO—AND AFRICA'S ANIMALS ARE AT RISK，https://www.newsweek.com/chinese-medicine-poaching-donkey-skin-trade-625477

維骨力，有效嗎？

1 2006 年《新英格蘭醫學期刊》（New England Journal of Medicine）〈葡萄糖胺、軟骨素硫酸鹽，以及兩種合併用於膝關節疼痛〉（Glucosamine, Chondroitin Sulfate, and the Two in Combination for Painful Knee Osteoarthritis）https://www.nejm.org/doi/full/10.1056/NEJMoa052771

2 2017 年〈葡萄糖胺對關節炎有效嗎？〉（Is glucosamine effective for osteoarthritis? ）https://www.ncbi.nlm.nih.gov/pubmed/28306711

3 2017 年〈亞組分析口服葡萄糖胺用於膝關節炎和髖關節炎的有效性：來自 OA 試驗庫的系統評價和個體患者數據薈萃分析〉Subgroup analyses of the effectiveness of oral glucosamine for knee and hip osteoarthritis: a systematic review and individual patient data meta-analysis from the OA trial bank，https://www.ncbi.nlm.nih.gov/pubmed/28754801

4 維骨力廠商聲明稿，http://www.gutco.com.tw/news20180606.aspx

5 2018 年 1 月 8 號《自由時報》http://news.ltn.com.tw/news/focus/paper/1166858

6 2017 年臨床報告〈硫酸鹽軟骨素及硫酸鹽葡萄糖胺合用於減少膝關節炎患者之疼痛和功能障礙，顯示沒有好過安慰劑：六個月的多中心、隨機、雙盲、安慰劑對照臨床試驗〉Combined Treatment With Chondroitin Sulfate and Glucosamine Sulfate Shows No Superiority Over Placebo for Reduction of Joint Pain and Functional Impairment in Patients With Knee Osteoarthritis: A Six-Month Multicenter, Randomized, Double-Blind, Placebo-Controlled Clinical Trial，https://www.ncbi.nlm.nih.gov/pubmed/27477804

7 〈美國風濕病學會 2012 年關於手、髖和膝關節炎中使用非藥物和藥理學治療的建議〉American College of Rheumatology 2012 Recommendations for the Use of Nonpharmacologic and Pharmacologic Therapies in Osteoarthritis of the Hand, Hip, and Knee，http://mqic.org/pdf/2012_ACR_OA_Guidelines_FINAL.PDF

Part3
重大疾病謠言釋疑

咖啡不會致癌，而是抗癌

1 CERT 公司的聯絡資料與「梅格法律集團」相同：401 E Ocean Blvd., Ste. 800, Long Beach, California 90802-4967，1-877-TOX-TORT

2 2017 年 10 月 25 號《彭博新聞》的報導 https://www.bloomberg.com/news/articles/2017-10-25/starbucks-is-in-hot-water-over-california-s-toxic-warning-law

3 2017 年論文〈在癌症預防研究 -II 中咖啡飲用與癌症死亡率的關係〉，Associations of Coffee Drinking and Cancer Mortality in the Cancer Prevention Study-II，https://www.ncbi.nlm.nih.gov/pubmed/28751477

4 2017 年論文〈喝咖啡與所有部位癌症發病率和死亡率之間的關聯〉Association between coffee consumption and all-sites cancer incidence and mortality，https://www.ncbi.nlm.nih.gov/pubmed/28746796

地瓜抗癌，純屬虛構

1 網路文章「多吃地瓜可預防癌症」Eating More Sweet Potato Can Prevent Cancer https://www.lookchem.com/Chempedia/Health-and-Chemical/8701.html

2 2017 年 10 月「地瓜是抗癌食物嗎？」波尼・欣格登（Bonnie Singleton）Are Sweet Potatoes an Anti-Cancer Food? https://healthfully.com/476373-are-sweet-potatoes-an-anti-cancer-food.html

3 2015 年 11 月，麥可・克雷格（Michael Greger）「地瓜蛋白質 V.s. 癌症」Sweet Potato Proteins vs. Cancer，https://nutritionfacts.org/2015/11/19/sweet-potato-proteins-vs-cancer/

4 麥可・克雷格所受的批評：
https://www.mcgill.ca/oss/article/news/dr-michael-greger-what-do-we-make-him
https://www.healthline.com/nutrition/how-not-to-die-review
https://sciencebasedmedicine.org/death-as-a-foodborne-illness-curable-by-veganism/

5 「地瓜的驚人抗癌功效」賽勒斯・卡巴塔（Cyrus Khambatta）The Shocking Anti-Cancer Effect of Sweet Potatoes，https://www.mangomannutrition.com/the-shocking-anti-cancer-effect-of-sweet-potatoes/

6 地瓜營養價值的參考文章：

2000 年：Nutritive evaluation on chemical components of leaves, stalks and stems of sweet potatoes (Ipomoea batatas poir)，https://www.sciencedirect.com/science/article/pii/S030881469900206X
2005 年：Beta-carotene-rich orange-fleshed sweet potato improves the vitamin A status of primary school children assessed with the modified-relative-dose-response test，https://www.ncbi.nlm.nih.gov/pubmed/15883432
2007 年：Sweet Potato: A Review of its Past, Present, and Future Role in Human Nutrition，https://www.ncbi.nlm.nih.gov/pubmed/17425943
2007 年：Antioxidant activities, phenolic and β-carotene contents of sweet potato genotypes with varying flesh colours，https://www.sciencedirect.com/science/article/pii/S0308814606007564
2010 年：Composition and physicochemical properties of dietary fiber extracted from residues of 10 varieties of sweet potato by a sieving method，https://www.ncbi.nlm.nih.gov/pubmed/20509611
2014 年：Sweet potato (Ipomoea batatas [L.] Lam)--a valuable medicinal food: a review，https://www.ncbi.nlm.nih.gov/pubmed/24921903

微波食物致癌迷思

1 「你該丟掉微波爐的十個理由」10 Reasons to Toss Your Microwave，https://www.health-science.com/microwave-hazards/
2 1981 年〈煎鍋燒烤和微波放射牛肉產生致突變物的比較〉https://www.ncbi.nlm.nih.gov/pubmed/7030472
3 1985 年〈微波烹調／復熱對營養素和食物系統的影響：近期研究總覽〉（Effects of microwave cooking/reheating on nutrients and food systems: a review of recent studies）https://www.ncbi.nlm.nih.gov/pubmed/3894486
4 1994 年〈微波預處理對牛肉餅中雜環芳香胺前體致突變物／致癌物質的影響〉（Effect of microwave pretreatment on heterocyclic aromatic amine mutagens/carcinogens in fried beef patties）https://www.ncbi.nlm.nih.gov/pubmed/7959444
5 1998 年〈牛奶中的游離氨基酸濃度：微波加熱與傳統加熱法的效果〉（Free amino acid concentrations in milk: effects of microwave versus conventional heating）https://www.ncbi.nlm.nih.gov/pubmed/9891762
6 2001 年〈連續微波加熱和傳統高溫加熱後牛奶中的維他命 B1 和 B6 保留〉（Vitamin B1 and B6 retention in milk after continuous-flow microwave and conventional heating at high

temperatures）https://www.ncbi.nlm.nih.gov/pubmed/11403146

7 2002 年〈用傳統方法和微波烹調料理鯡魚，對於總脂肪酸中 n-3 多不飽和脂肪酸（PUFA）的成分效果比較〉（Comparison of the effects of microwave cooking and conventional cooking methods on the composition of fatty acids and fat quality indicators in herring）https://www.ncbi.nlm.nih.gov/pubmed/12577584

8 2004 年〈微波料理和壓力鍋料理對於蔬菜品質的影響〉（Nutritional quality of microwave-cooked and pressure-cooked legumes）https://www.ncbi.nlm.nih.gov/pubmed/15762308

9 2013 年〈兩種液態食物經由微波烹調和傳統加熱法後，沒有發現顯著差別〉（No Major Differences Found between the Effects of Microwave-Based and Conventional Heat Treatment Methods on Two Different Liquid Foods）https://www.ncbi.nlm.nih.gov/pmc/articles/PMC3547058/

常見致癌食材謠言

1 2016 年，熱飲致癌原始論文，Carcinogenicity of drinking coffee, mate, and very hot beverages，https://www.thelancet.com/journals/lanonc/article/PIIS1470-2045(16)30239-X/fulltext

2 2016 年，熱飲致癌小白鼠實驗，Recurrent acute thermal lesion induces esophageal hyperproliferative premalignant lesions in mice esophagus. https://www.ncbi.nlm.nih.gov/pubmed/26899552

3 2003 年，熱飲致癌大白鼠實驗，Promotion effects of hot water on N-nitrosomethylbenzylamine-induced esophageal tumorigenesis in F344 rats. https://www.ncbi.nlm.nih.gov/pubmed/12579283

4 2015 年 11 月 9 號《蘋果日報》「一顆芭樂，分解 18 根香腸毒素。真強！富含維他命 C 清除亞硝酸鹽」https://tw.appledaily.com/headline/daily/20151109/36889352/

5 英國食品標準局（FSA）發布的消息，https://www.food.gov.uk/safety-hygiene/acrylamide

淺談免疫系統與癌症免疫療法

1 哈佛醫學院電子報〈健康飲食：通往新營養的指南〉Healthy Eating: A guide to the new nutrition，https://www.health.harvard.edu/nutrition/healthy-eating-a-guide-to-the-new-nutrition

阿茲海默症的預防和療法（上）

1 2015 年 8 月「身體姿勢對腦淋巴運輸的影響」The Effect of Body Posture on Brain Glymphatic Transport，http://www.jneurosci.org/content/35/31/11034.short

2 2015 年 10 月 4 號，石溪大學「睡覺姿勢會影響腦部如何清除廢物嗎？」Could Body

Posture During Sleep Affect How Your Brain Clears Waste? https://news.stonybrook.edu/news/general/150804sleeping
3 2014 年 12 月《神經學》醫學期刊，https://www.ncbi.nlm.nih.gov/pubmed/25391305
4 可可測試自願者報名網站，https://cocoadiet.bmedcumc.org/
5 2018 年 1 月，《內科學年鑑》〈用運動來預防認知功能衰退和阿茲海默型癡呆〉Physical Activity Interventions in Preventing Cognitive Decline and Alzheimer-Type Dementia: A Systematic Review，http://annals.org/aim/article-abstract/2666417/physical-activity-interventions-preventing-cognitive-decline-alzheimer-type-dementia-systematic
6 2018 年 1 月，《內科學年鑑》〈用藥物來預防認知功能衰退，輕度認知功能障礙和臨床阿茲海默型癡呆〉Pharmacologic Interventions to Prevent Cognitive Decline, Mild Cognitive Impairment, and Clinical Alzheimer-Type Dementia: A Systematic Review，http://annals.org/aim/article-abstract/2666418/pharmacologic-interventions-prevent-cognitive-decline-mild-cognitive-impairment-clinical-alzheimer
7 2018 年 1 月，《內科學年鑑》〈用非處方補充劑來預防認知功能衰退，輕度認知功能障礙和臨床阿茲海默型癡呆〉Over-the-Counter Supplement Interventions to Prevent Cognitive Decline, Mild Cognitive Impairment, and Clinical Alzheimer-Type Dementia: A Systematic Review，http://annals.org/aim/article-abstract/2666419/over-counter-supplement-interventions-prevent-cognitive-decline-mild-cognitive-impairment
8 2018 年 1 月，《內科學年鑑》〈認知功能訓練能防止認知功能衰退嗎？〉Does Cognitive Training Prevent Cognitive Decline?: A Systematic Review，http://annals.org/aim/article-abstract/2666420/does-cognitive-training-prevent-cognitive-decline-systematic-review

阿茲海默症的預防和療法（下）

1 2017 年 11 月，《美國老人醫學協會期刊研究報告》〈老年人使用唑吡坦與阿茲海默病風險的關係〉The Association Between the Use of Zolpidem and the Risk of Alzheimer's Disease Among Older People. https://www.ncbi.nlm.nih.gov/pubmed/28884784
2 2012 年 9 月〈苯二氮卓類藥物的使用和失智症的風險：基於前瞻性人群的研究〉Benzodiazepine use and risk of dementia: prospective population based study，https://www.bmj.com/content/345/bmj.e6231
3 2014 年 9 月〈苯二氮卓類藥物的使用和阿茲海默病的風險：病例對照研究〉Benzodiazepine use and risk of Alzheimer's disease: case-control study，https://www.bmj.com/content/bmj/349/bmj.g5205.full.pdf
4 2015 年 10 月〈苯二氮卓類藥物的使用和發生阿茲海默病或血管性癡呆的風險：病例對

照分析〉Benzodiazepine Use and Risk of Developing Alzheimer's Disease or Vascular Dementia: A Case-Control Analysis，https://www.ncbi.nlm.nih.gov/pubmed/26123874

5 2017 年 3 月〈苯二氮卓類藥物的使用和發生阿茲海默病的風險：基於瑞士聲明數據的病例對照研究〉，Benzodiazepine Use and Risk of Developing Alzheimer,s Disease: A Case-Control Study Based on Swiss Claims Data，https://www.ncbi.nlm.nih.gov/pubmed/28078633

6 《財富》雜誌 2017 年 10 月〈新的免疫療法能破解阿茲海默藥物的魔咒嗎？〉Could a New Immunotherapy Medical Approach Break the Alzheimer's Drug Curse? http://fortune.com/2017/10/24/alzheimers-abbvie-immunotherapy-deal/

7 2016 年 8 月 31《自然》期刊「抗體 aducanumab 減少阿茲海默病的 Aβ 斑塊」The antibody aducanumab reduces Aβ plaques in Alzheimer's disease，https://www.nature.com/articles/nature19323

8 〈從清除 Aβ 斑塊免疫療法治療阿茲海默學到的教訓：瞄準一個會移動的靶〉Lessons from Anti-Amyloid-β Immunotherapies in Alzheimer Disease: Aiming at a Moving Target，https://www.ncbi.nlm.nih.gov/pubmed/28787714

9 〈阿茲海默臨床實驗的候選藥物〉Drug candidates in clinical trials for Alzheimer's disease，https://jbiomedsci.biomedcentral.com/track/pdf/10.1186/s12929-017-0355-7?site=jbiomedsci.biomedcentral.com

膽固醇，是好還是壞？

1 2013 年美國心臟協會降低心血管疾病風險的建議，https://www.ncbi.nlm.nih.gov/pubmed/24239922

2 2015 年 8 月論文結論：食物中的膽固醇是否會增加心血管疾病的風險，無法得到確認。Dietary cholesterol and cardiovascular disease: a systematic review and meta-analysis，https://www.ncbi.nlm.nih.gov/pubmed/26109578

3 https://health.gov/dietaryguidelines/2015/resources/2015-2020_Dietary_Guidelines.pdf

4 美國「飲食指南」(2015-2020) 內文連結，https://health.gov/dietaryguidelines/2015-scientific-report/pdfs/scientific-report-of-the-2015-dietary-guidelines-advisory-committee.pdf

5 2016 年 1 月，「美國責任醫師協會」狀告美國農業部內容，https://www.pcrm.org/news/news-releases/physicians-committee-sues-usda-and-dhhs-exposing-industry-corruption-dietary

6 地中海飲食的中文介紹，http://ryoritaiwan.fcdc.org.tw/article.aspx?websn=6&id=882

五十歲以上的運動通則

1 關於運動肌肉不平衡的文章，https://philmaffetone.com/muscle-imbal/
2 哈佛大學「想活得更久更好？重量訓練」（Want to live longer and better? Strength train）https://www.health.harvard.edu/staying-healthy/want-to-live-longer-and-better-strength-train

阿司匹林救心法

1 1999 年阿司匹林研究 https://www.ncbi.nlm.nih.gov/pubmed/?term=aspirin+chew+texas
2 哈佛大學醫學院〈阿司匹林救心，用嚼的還是用吞的？〉Aspirin for heart attack: Chew or swallow? https://www.health.harvard.edu/heart-health/aspirin-for-heart-attack-chew-or-swallow
3 梅友診所〈日常阿司匹林療法：了解好處與風險〉Daily aspirin therapy: Understand the benefits and risks，https://www.mayoclinic.org/diseases-conditions/heart-disease/in-depth/daily-aspirin-therapy/art-20046797
4 2015 月 4 月《世界日報》編譯，元氣網轉載，https://health.udn.com/health/story/6012/861954
5 哈佛大學醫學院〈腸溶型阿司匹林引發的腸胃出血〉Gastrointestinal bleeding from coated aspirin，https://www.health.harvard.edu/press_releases/gastrointestinal-bleeding-from-coated-aspirin

Part 4
書本裡的偽科學

似有若無的褪黑激素「奇蹟」療法

1 2014 年綜述論文〈褪黑激素，黑暗的激素：從睡眠促進到伊波拉病毒治療〉Melatonin, the Hormone of Darkness: From Sleep Promotion to Ebola Treatment，https://www.ncbi.nlm.nih.gov/pubmed/?term=Melatonin%2C+the+Hormone+of+Darkness%3A+From+Sleep+Promotion+to+Ebola+Treatment
2 2017 年 4 月〈褪黑激素的膳食來源與生物活性〉Dietary Sources and Bioactivities of Melatonin，https://www.ncbi.nlm.nih.gov/pubmed/28387721

備受爭議的葛森癌症療法

1 「喬許 ・ 艾克斯在 Dr. Oz 電視節目胡說八道」Josh Axe D.C. Spewing a Bunch of Nonsense on the Dr. Oz show，http://www.overcomeobesity.org/overcome-obesity/research/josh-axe-d-c-spewing-a-bunch-of-nonsense-on-the-dr-oz-show/

2 「偶然中毒，喬許 ・ 艾克斯被揭穿」Axe-idental Poisoning (Josh Axe Debunked)，https://badsciencedebunked.com/2015/12/08/axe-idental-poisoning-josh-axe-debunked/comment-page-1/

3 「喬許 ・ 艾克斯『博士』在思考抉擇下一個假博士學位」Dr. Josh Axe debating which fake doctor degree to get next，http://thesciencepost.com/dr-josh-axe-debating-which-fake-doctor-degree-to-get-next/

4 「自然療法有太多的庸醫」（Naturopathic medicine has too much quackery）https://www.naturopathicdiaries.com/naturopathic-medicine-quackery/

5 布麗特・瑪麗・賀密士在「科學醫藥」發表關於自然療法的文章，https://sciencebasedmedicine.org/author/britt-marie-hermes/

6 2015 年 3 月 6 日，澳洲新聞報導「健康鬥士」去世的消息，https://www.news.com.au/lifestyle/real-life/true-stories/wellness-warrior-jess-ainscough-dies-from-cancer/news-story/ce77d293a658e4d6b33c4ec33a6a3d6e

生酮飲食的危險性

1 2017 年 5 月《營養》期刊，〈生酮飲食對心血管危險因素的影響：動物和人類研究的證據〉Effects of Ketogenic Diets on Cardiovascular Risk Factors: Evidence from Animal and Human Studies，http://www.mdpi.com/2072-6643/9/5/517

2 2015 年 8 月 13 日〈國家健康研究院的研究發現削減膳食脂肪比削減碳水化合物更能減少身體脂肪〉NIH study finds cutting dietary fat reduces body fat more than cutting carbs，https://www.nih.gov/news-events/news-releases/nih-study-finds-cutting-dietary-fat-reduces-body-fat-more-cutting-carbs

3 〈減少同樣卡路里的情況下，飲食脂肪限制比碳水化合物限制更能導致肥胖人體脂減少〉Calorie for Calorie, Dietary Fat Restriction Results in More Body Fat Loss than Carbohydrate Restriction in People with Obesity，https://www.cell.com/cell-metabolism/pdf/S1550-4131(15)00350-2.pdf

「救命飲食」真能救命？

1 批評救命飲食的參考文章

一、http://www.raschfoundation.org/wp-content/uploads/Cornell_Oxford_China-Study-Critique.pdf

二、https://sciencebasedmedicine.org/385/

三、https://sciencebasedmedicine.org/the-china-study-revisited/

四、https://farmingtruth.weebly.com/china-study.html

五、https://proteinpower.com/drmike/2010/07/27/the-china-study-vs-the-china-study/

六、http://anthonycolpo.com/the-china-study-more-vegan-nonsense/

七、http://www.cholesterol-and-health.com/China-Study.html

八、https://deniseminger.com/2010/07/07/the-china-study-fact-or-fallac/

九、https://www.thehealthyhomeeconomist.com/the-china-study-more-flaws-exposed-in-the-vegan-bible/

間歇性禁食，尚無定論

1 2018 年 6 月 29 號，哈佛大學醫學院〈間歇性禁食：驚人新發現〉Intermittent Fasting: Surprising update，https://www.health.harvard.edu/blog/intermittent-fasting-surprising-update-2018062914156

2 2018 年 5 月 20 號，《今日醫學新聞》「二型糖尿病：間歇性禁食可能增加風險」（Type 2 diabetes: Intermittent fasting may raise risk）https://www.medicalnewstoday.com/articles/321864.php

3 獨立媒體 2018 年 5 月，王偉雄，間歇性禁食 https://www.inmediahk.net/node/1056996

減鹽有益，無可爭議

1 2018 年 8 月元氣網，「多吃鹽會引起高血壓？高血壓研究權威推翻『鹽分＝不好』觀念」https://health.udn.com/health/story/6037/3298985?from=udn_ch1005cate5684_pulldownmenu

2 2014 年〈飲食鹽分攝取與高血壓〉（Dietary Salt Intake and Hypertension）https://www.ncbi.nlm.nih.gov/pmc/articles/PMC4105387/

3 2015 年〈世界減鹽倡議：全球目標步驟系統性評估〉（Salt Reduction Initiatives around the World - A Systematic Review of Progress towards the Global Target）https://journals.plos.org/plosone/article?id=10.1371/journal.pone.0130247

4 2015 年〈高鈉會造成高血壓：臨床實驗和動物實驗的證據〉High sodium causes

hypertension: evidence from clinical trials and animal experiments, https://www.ncbi.nlm.nih.gov/pubmed/25609366

5 2016〈膳食中的鈉與心血管疾病風險：測量很重要〉（Dietary Sodium and Cardiovascular Disease Risk - Measurement Matters）https://www.nejm.org/doi/full/10.1056/NEJMsb1607161

6 2017 年：〈了解全人類減鹽計畫背後的科學〉（Understanding the science that supports population wide salt reduction programs）https://onlinelibrary.wiley.com/doi/abs/10.1111/jch.12994

酸鹼體質，全是騙局

1 新聞報導「酸鹼體質騙局，pH Miracle 作者遭罰一億美金」
http://www.gbimonthly.com/2018/11/35302/?fbclid=IwAR0Psu24ecjxKwDQbzuzZVktDrpX4Y8uOsR5c1wSDpRUqX1UsmigD8qwaHQ

2 四篇關於酸鹼值的闢謠文章：

一、https://www.twhealth.org.tw/journalView.php?cat=17&sid=304&page=3

二、http://www.gov.cn/fwxx/kp/2013-05/17/content_2404607.htm

三、http://discover.news.163.com/special/acid_alkaline/

四、http://www.webmd.com/diet/a-z/alkaline-diets

3 醫療資訊網站 WebMD 文章「你是蚊子吸鐵嗎？」Are You a Mosquito Magnet? https://www.webmd.com/allergies/features/are-you-mosquito-magnet#1

4 2004 年關於白線斑蚊偏愛降落的血型皮膚論文，https://www.ncbi.nlm.nih.gov/pubmed?Db=pubmed&Cmd=ShowDetailView&TermToSearch=15311477&ordinalpos=3&itool=EntrezSystem2.PEntrez.Pubmed.Pubmed_ResultsPanel.Pubmed_RVD

一心文化　science 001

餐桌上的偽科學：
加州大學醫學院教授破解上百種健康謠言和深入人心的醫學迷思

作者　林慶順（Ching-Shwun Lin, Phd）
編輯　蘇芳毓
美術設計　森白設計事務所
內文排版　polly（polly530411@gmail.com）
出版　一心文化有限公司
電話　02-27657131
地址　11068 臺北市信義區永吉路 302 號 4 樓
郵件　fangyu@soloheart.com.tw
初版一刷　2018 年 12 月
初版九刷　2023 年 7 月

總 經 銷　大和書報圖書股份有限公司
電話　02-89902588
定價　399 元
印刷　呈靖彩藝股份有限公司

國家圖書館出版品預行編目（CIP）

餐桌上的偽科學 : 加州大學醫學院教授破解上百種健康謠言和深入人心的醫學迷思 /
林慶順著 . -- 初版 . -- 台北市 : 一心文化出版 : 大和發行 , 2018.12
面 ;　公分 . -- (一心文化)

ISBN 978-986-95306-4-4(平裝)

1. 家庭醫學　2. 保健常識

429　　107017284